Método da Chance Matemática

Série Nutrição de Plantas Aplicada

Volume 2

PAULO G S WADT
EDILAINE I. F. TRASPADINI

W55   Wadt, P. G. S.; Traspadini, E. I. F.;

   Método da Chance Matemática. Wadt, P.G.S; Traspadini, E. I. F. In. Wadt, P. G. S. Nutrição de Plantas Aplicada, N°· 2. Rio Branco: WETI. 2017.

   55p.

   Bibliografia

   ISBN-13: 978-1545090947

   ISBN-10: 1545090947

   1. Nutrição de Plantas. 2. Diagnose Foliar. 3. Adubação. I. Wadt, Paulo Guilherme Salvador. II. Traspadini, Edilaine Istéfani Franklin. VI. Título.

   CDU 631.811

Copyright © 2017 WETI / Paulo Guilherme Salvador Wadt.

Todos os direitos reservados

SOBRE A SÉRIE NUTRIÇÃO DE PLANTAS APLICADA

A série Nutrição de Plantas Aplicada tem como principal objetivo a apresentação, em uma linguagem técnica, de técnicas de nutrição de plantas aplicada ao manejo nutricional das culturas, de forma que esse conhecimento possa ser utilizado pelos serviços de consultoria, assistência técnica e empresas de extensão rural, bem como para o ensino da graduação e da pós-graduação na área de ciências agrárias.

Neste segundo volume, aborda-se a utilização do método da Chance Matemática como ferramenta para a obtenção de valores de referência nutricionais úteis para a interpretação do estado nutricional das plantas pelo método das Faixas de Suficiência.

O método das Faixas de Suficiência é de fácil utilização na avaliação do estado nutricional das plantas, uma vez que resulta na comparação direta do teor do nutriente em um órgão ou tecido vegetal com valores de referência tabelados. Contudo, as tabelas disponíveis atualmente não cobrem toda a gama de condições tecnológicas disponíveis, requerendo-se ensaios custosos e demorados para o ajuste de novos padrões.

Por sua vez, o método da Chance Matemática permite que a partir do simples monitoramento de culturas comerciais seja possível obter esses mesmos valores de referência, possibilitando assim uma rápida reavaliação dos padrões nutricionais, bem como seu ajuste conforme ocorra a evolução tecnológica das culturas comerciais.

Ou seja, trata-se de uma alternativa para a obtenção dos valores de referência em contraposição ao procedimento clássico baseado na realização de ensaios de calibração em vários locais e anos, o que onera em tempo e recursos a obtenção desses valores padrões.

Estudos recentes conduzidos por diferentes grupos de autores também têm demonstrado ser o método da Chance Matemática capaz de produzir valores de referência adequados e compatíveis com aqueles obtidos nos ensaios de calibração.

CONTEÚDO

Princípios da avaliação nutricional das plantas pelo método da Faixa de Suficiência 1

A Chance Matemática na definição de valores de referência 5

O método da Chance Matemática 9

Calculando a Chance Matemática em planilhas eletrônicas 13

    Primeiros Passos 13

    Roteiro de cálculos a serem realizados 15

    Exemplificando a determinação das faixas de suficiências para nitrogênio 17

Anexo A: Dados de monitoramento de lavouras 47

Referências 53

Acerca dos autores 55

AGRADECIMENTOS

Ao professor Victor Hugo Alvarez V e ao colega Marco Antonio Gamacho que de forma independente e em diferentes tempos, contribuíram para o desenvolvimento e a validação da metodologia representada aqui pelo Método da Chance Matemática

Ao CNPq que tem apoiado, por diferentes tipos de auxílios e bolsas, as pesquisas com nutrição de plantas

PRINCÍPIOS DA AVALIAÇÃO NUTRICIONAL DAS PLANTAS PELO MÉTODO DA FAIXA DE SUFICIÊNCIA

A avaliação nutricional das plantas é uma tecnologia baseada na análise da biodisponibilidade dos nutrientes nas plantas cultivadas, informando se os teores dos nutrientes estão compatíveis com plantas nutricionalmente sadias e com capacidade de alcançar máximas produtividades econômicas.

Existem diferentes indicadores que podem ser utilizados para a avaliação nutricional das plantas, contudo, aqueles baseados na quantificação dos teores dos nutrientes em determinados órgãos vegetais, normalmente folhas recém maduras, tem se destacado pela facilidade de sua obtenção e precisão de seus resultados analíticos. Essa quantificação dos teores dos nutrientes é feita por métodos de análises químicas que determinam as quantidades totais de cada um dos nutrientes contidos em determinada amostra, expressando-se os resultados em massa do nutriente por unidade de massa da amostra.

Contudo, para que os valores dos nutrientes determinados em determinado órgão da planta sejam interpretados, existem diferentes métodos de diagnósticos. O mais simples consiste na comparação direta do teor do nutriente com um valor de referência (método do Nível Crítico) ou com uma faixa de valores (método das Faixas de Suficiência).

Pelo método do Nível Crítico, o nutriente na planta ou cultura em análise é diagnosticado como deficiente ou adequado, dependendo se seu teor se encontra menor ou maior que o valor estabelecido na tabela de referência.

Já o método das Faixas de Suficiência amplia essa classificação: cada nutriente pode ser diagnosticado como deficiente, suficiente ou excesso. Assim, teores abaixo do limite inferior, ou acima do limite superior da faixa de valores de suficiência são diagnosticados como deficientes e tóxicos, respectivamente; já valores dentro dos limites estabelecidos pela faixa de valores de suficiência são diagnosticados como adequados.

A utilização da análise química foliar como critério diagnóstico baseia-se na premissa de que existe uma relação entre o suprimento do nutriente e os níveis de sua concentração foliar, e que aumentos ou decréscimos nessa concentração resultariam em aumento ou diminuição da produção.

Na faixa de deficiência, a planta pode apresentar ou não sintomas de distúrbios fisiológicos visíveis, mas apresenta limitações de desenvolvimento pela presença em quantidades insuficientes do nutriente, ou seja, não há sintomas visíveis mas existe um aumento na produção de matéria seca com o aumento da disponibilidade do nutriente, no que se denomina de "fome oculta".

Neste caso, ocorrendo o fornecimento do nutriente a planta deverá apresentar rápida resposta fisiológica, como aumento da produção de matéria seca ou do produto comercial associado ao seu cultivo agrícola. Em condições extremas, pode até ocorrer que o teor do nutriente permaneça inalterado, havendo o chamado efeito de diluição, mas com maior produção de matéria seca.

Na faixa de toxidez, o aumento da concentração do nutriente não resulta em aumento da matéria seca, podendo haver o simples acúmulo do nutriente sem danos fisiológicos ("consumo de luxo") ou mesmo a redução da produção de matéria seca em função das quantidades excessivas do nutriente no órgão ou na planta.

Finalmente, a faixa de teores adequados representa as quantidades de nutrientes no tecido vegetal que permitem a máxima eficiência fisiológica, quando a planta apresenta plena condições de saúde e de desenvolvimento, estando apta a alcançar as máximas produtividades e rendimentos econômicos na ausência de outros fatores limitantes, seja nutricional ou não nutricional.

Assim, o método das Faixas de Suficiência consiste simplesmente em comparar o teor do nutriente obtido em uma amostra do órgão vegetal com aquele valor tabelado, atribuindo-se para aquele nutriente o diagnóstico de "Deficiente", "Adequado" ou "Tóxico", conforme o teor esteja contido em uma das três faixas de suficiência (Tabela 1):

Tabela 1. Faixas de suficiência definidas pelo método da Chance Matemática

Faixa de Suficiência		
Menor que o Limite Inferior da Faixa de Suficiência	Contido entre os limites inferior e superior da faixa de suficiência	Maior que o Limite Superior da Faixa de Suficiência
Deficiente	Adequado	Tóxico*

* outras denominações podem ser aceitas, como em consumo de luxo ou excessivo

A CHANCE MATEMÁTICA NA DEFINIÇÃO DE VALORES DE REFERÊNCIA

O método da chance matemática foi desenvolvido em função da necessidade de se obter valores de referência para eucaliptos sem que fossem instalados ensaios de campo para a calibração dos teores nutricionais com a produtividades dos povoamentos florestais.

No desenvolvimento do método, foi utilizada a cultura do cafeeiro (Wadt et al., 1994). À época, os autores denominaram as faixas de suficiência como faixas infra ótima, ótima e supra ótima, devido a constatação de que o método resultou em faixas de suficiência largas, e por isto foi considerado como restrição para utilização no processo de avaliação do estado nutricional das plantas, embora, os autores tenham indicado que o método poderia também ser indicado para quantificar fatores não nutricionais. A primeira aplicação do método foi na cultura do cafeeiro (Novais et al., 1994). Neste trabalho, os autores já abordam possibilidade de se reduzir a amplitude da faixa de teores adequados utilizando-se limites mais restritos para as classes de teores nutricionais, conforme se verá mais adiante. Por exemplo, para teores de N nas folhas de 2,4 a 3,1 dag kg^{-1}, a produtividade mínima esperada seria de 27 sacas ha^{-1}; por sua vez, para teores na faixa de 2,7 a 2,8 dag kg^{-1}, a produtividade mínima esperada seria de 43 sacas ha^{-1} (Novais et al., 1994).

A descrição completa do método e sua recomendação para a determinação de faixas de suficiência (faixas infra ótima, ótima e supra ótima) foi feita por Wadt (1996), inclusive com demonstração de sua utilização para outros indicadores além dos teores nutricionais ótimos, como por exemplo, para a partição entre as quantidades de N nas folhas e no restante da árvore. Neste trabalho, foram introduzidas as primeiras conceituações sobre o método.

Uma das aplicações mais amplas do método da Chance Matemática foi realizada por Wadt et al (1995), os quais utilizaram a técnica para avaliar diversos indicadores relacionados a nutrição nitrogenada de híbridos de híbridos de *Eucalyptus grandis* x *E. urophylla* em plantios da Aracruz Celulose S.A, como teores de N nas folhas, galhos, casca e troncos das árvores, índices multivariáveis dos teores destes nutrientes nos mesmos órgãos das árvores, e até mesmo, propriedades de fertilidade do solo, como teores de matéria orgânica, pH e saturação de potássio no solo, resultando na recomendação de que aumento da produção florestal poderia ser alcançado pelo fornecimento de nitrogênio nos períodos em que o incremento médio anual fosse menor que o incremento corrente de matéria seca do lenho.

Contudo, o primeiro trabalho conclusivo sobre a aplicabilidade do método na avaliação do estado nutricional foi publicado na Revista Brasileira de Ciência do Solo, em 1998 (Wadt et al., 1998), onde os autores destacam que uma das vantagens do método está em se os valores padrões para avaliação do estado nutricional por meio de cálculos de probabilidade que evitam a tendenciosidade na interpretação dos dados na adoção de outros procedimentos vigentes na literatura. Contudo, a relevância deste trabalho reside na descrição detalhada do método e de exemplos de sua aplicação.

A aplicação do método para uma cultura anual foi realizada por Carlos Kurihara na cultura da soja (Kurihara, 2004), o qual constata elevada semelhança entre os valores padrões (níveis críticos) estimados a partir dos métodos da Chance Matemática (considerado o limite inferior da faixa adequada), Índice de Kenworthy e DRIS.

Mais tarde, Eliane Urano e colaboradores compararam os teores ótimos de nutrientes para soja, estimados por meio dos métodos Chance Matemática, Sistema Integrado de Diagnose e Recomendação e Diagnose da Composição Nutricional (Urano et al., 2007), concluindo que os três métodos foram promissores na estimativa dos valores de referência. Destacam, contudo, que o método da Chance Matemática pode resultar em pequenas diferenças nos valores estimados em relação aos demais métodos. Em ambos os trabalhos com soja (Kurihara, 2004 e Urano et al., 2007), foram utilizados 173 e 111 lavouras de soja, respectivamente.

Serra et al (2010) foram os primeiros autores a aplicarem o uso do método fora do grupo de pesquisa liderado pelo prof. Victor Hugo Alvarez V, da Universidade Federal de Viçosa. No trabalho de Serra e colaboradores, compararam na obtenção de valores de referência, os métodos do método da Chance Matemática, do Sistema Integrado de

Diagnose e Recomendação e da Diagnose da Composição Nutricional, onde concluíram que apesar de todos os métodos alcançarem resultados semelhantes, o método da Chance Matemática pode sugerir faixas de menor amplitude para os valores de referência que aqueles adotados na literatura e obtidos por outros procedimentos experimentais.

A amplitude dos valores considerados adequados conforme definido por Serra et al (2010) diverge dos resultados dos trabalhos iniciais relatados por Wadt et al (1994) e por Novais et al. (1994), os quais utilizaram maior número de dados de monitoramento nutricional.

Marcos Gamacho e colaboradores avaliaram o uso do método da Chance Matemática na estimativa dos valores padrões de macronutrientes (Gamacho et al., 2012a) e de micronutrientes (Gamacho et al., 2012b) para a cultura do algodoeiro, e também encontram, consistentemente, e principalmente para micronutrientes, amplitudes para as faixas de teores adequados para vários nutrientes menores que aqueles apontados comumente pela literatura, indicando que o método apresenta aperfeiçoamento dos teores considerados adequados para obtenção de altas produtividades.

Gamacho et al (2012c) também aplicaram o método da Chance Matemática na determinação de valores de referência para os teores nutricionais em laranjeiras, e argumentam que com o uso do método da Chance Matemática a amplitude da faixa adequada, para a maioria dos nutrientes, foi menor que aquelas encontradas na literatura, sugerindo que aas faixas de suficiência obtidas pelo método da Chance Matemática apresentam maior confiabilidade por serem desenvolvidos regionalmente, com menor variabilidade das condições de solo, clima e potencial produtivo, porém, desde que atenda ao seu pressuposto de grande volume de informações e variação nas condições de manejo locais e de estado nutricional das plantas monitoradas.

Também na cultura da cana de açúcar, Santos et al. (2013), ao aplicarem o método da Chance Matemática para a obtenção de valores de referência para as faixas de suficiência, encontraram redução da amplitude das faixas adequadas para a maioria dos nutrientes testados, indicando, ainda, que diferente dos outros autores, para alguns nutrientes (P, K, Mg, Cu e Zn), os valores de referência obtidos pelo método da Chance Matemática foram maiores que aqueles estimados pelos métodos do Sistema Integrado de Diagnose e Recomendação e da Diagnose da Composição Nutricional.

Avaliando a aplicação do método da Chance Matemática para a cultura do arroz irrigado por inundação, Wadt et al (2013) encontraram que os valores da faixa adequada para a maioria dos nutrientes, quando estimados pelos métodos da Chance Matemática e da Diagnose da Composição

Nutricional foram pouco concordantes com os padrões encontrados na literatura, sendo que o método da Chance Matemática indicou faixas adequadas mais amplas que aquelas indicadas pelo método da Diagnose da Composição Nutricional e, em geral, com valores de referência inferiores aos indicados na literatura.

Importante destacar, ainda, que Wadt et al (2013) introduzem aperfeiçoamentos na metodologia da Chance Matemática, tornando o critério de interpretação das faixas de suficiência mais objetivo ao introduzir o conceito de Chance Matemática Relativa e da Chance Matemática pela Média Móvel.

Outro aperfeiçoamento introduzido por Wadt et al. (2013) foi utilizar a média da produtividade das lavouras de alta produtividade nas equações de cálculo da chance matemática, e não mais a produtividade média de todas as lavouras dentro de cada classe do fator em análise.

Em resumo, os trabalhos desenvolvimento com esse método apontam para que a Chance Matemática pode ser utilizada como uma ferramenta para a determinação dos valores de referência para as faixas de suficientes dos nutrientes em contraposição ao método convencional de obtenção dos valores padrões por meio de ensaios de calibração.

A adoção da técnica da Chance Matemática tem como vantagem aproveitar informações do próprio monitoramento nutricional realizado nas lavouras comerciais, facilitando que novas informações sejam agregadas ao conjunto de dados de modo mais ágil e com menos dispêndio de recursos financeiros, materiais e humanos.

Diante disso, objetiva-se com este trabalho apresentar um guia prático e passo a passo dos cálculos da faixa de suficiência pela Chance Matemática e assim tornar o método mais acessível ao público técnico e científico.

O MÉTODO DA CHANCE MATEMÁTICA

A Chance Matemática consiste na raiz quadrada do produto das probabilidades de distribuição de lavouras de alta produtividade em relação ao total de lavouras de alta produtividade e ao total de lavouras de cada classe de distribuição de frequência de fatores previamente definidos, multiplicada cada probabilidade pela produtividade média das lavouras de alta produtividade:

$ChM(i) = ((Prod \times (Ai/At)) \times (Prod \times (Ai/Ci)))0,5$

Onde:

Ai = número de lavouras de alta produtividade na classe "i";

At = número total de lavouras de alta produtividade no universo de lavouras monitoradas;

Ci = número total de lavouras de alta produtividade na classe "i".

Prod = produtividade média das lavouras de alta produtividade na classe "i".

A unidade da ChM(i) será a mesma utilizada para quantificar a produtividade das lavouras.

O número de classes deve ser definido pela raiz quadrada do número de lavouras monitoradas, limitando-se, todavia, esse número a um mínimo de cinco classes e a um máximo de 25 classes.

A amplitude de cada classe "i" deverá ser definida pela amplitude total de valores do fator em análise, dividido pelo número de classes.

As lavouras devem depois serem classificadas em alta e baixa produtividade, podendo essa classificação ser baseada em valores arbitrários ou estatísticos. Por exemplo, lavouras de alta produtividade podem ser definidas como todas lavouras com produtividade acima da média + 0,5 desvio padrão da produtividade, sendo, as demais lavouras definidas como de baixa produtividade.

Para se definir o intervalo de classes que correspondam a faixa adequada deve ser calculada a Chance Matemática Relativa (ChR(i)) para cada classe "i".

A ChR(i) deve ser determinada pela expressão: ChR(i) = ChM(i)/ChMax, em que:

Onde:

ChM(i) = como definido anteriormente;

ChMax = Chance Matemática Máxima encontrada entre todos os intervalos de classes avaliados.

O cálculo da Chance Matemática pela média móvel (ChMM(i)) pode ser calculada para cada classe "i", exceto para a primeira e última classe de teores foliares. Seu cálculo é feito pela expressão: ChMM(i) = (ChR(i-1) + ChR(i) + ChR(i+1))/3.

O intervalo de valores adequados deve então ser definido pelo limite inferior da primeira classe "i" de teores foliares, em que a ChR(i) ou ChMM(i) foi igual ou superior a 50 %; e pelo limite da última classe "i" de teores foliares, em que a ChR(i) ou ChMM(i) foi igual ou superior a 50 %.

Adicionalmente, se alguma classe "i" imediatamente anterior ou posterior ao intervalo definido para a faixa de suficiência apresentasse ChR(i) ou ChMM(i) igual ou superior a 50 % e não estivesse inclusa no intervalo anterior, o intervalo da faixa ótima seria ampliado para incluir também essa classe de valores. Da mesma forma, se houvesse mais de duas classes consecutivas com ChR(i) ou ChMM(i) inferior a 50 % antecedendo a última classe "i" inclusa na faixa de suficiência, e se essas classes tivessem também ChR(i) ou ChMM(i) inferior a 50 %, o intervalo da faixa de suficiência seria reduzido para o próximo valor do LS da classe "i" que permitiria atender a todos esses critérios.

Opcionalmente, o critério de 50% para definir a faixa adequada pode ser alterado, para definir faixa adequada mais ampla (diminuindo o critério para um valor menor que 50%) ou para definir faixa adequada mais estreita (aumentando o critério para um valor maior que 50%).

A faixa deficiente é então considerada o intervalo de valores do fator analisado que estiver abaixo da faixa adequada e a faixa de toxidez é considerado o intervalo de valores do fator analisado que estiver acima da faixa adequada.

CALCULANDO A CHANCE MATEMÁTICA EM PLANILHAS ELETRÔNICAS

Primeiros Passos

Com o objetivo de facilitar a compreensão e a conferência dos resultados a serem demostrados no cálculo da Chance Matemática, recomendamos que se utilizem os dados dos teores nutricionais que estão disponíveis no anexo A.

Inicialmente, deve-se digitar os dados do Anexo A em uma planilha eletrônica (usaremos o Excel da Microsoft como exemplo), ou, alternativamente, acessar o arquivo disponível em: www.dris.com.br/arquivos/dados1_schimidt.xlsx.

Para a utilização da planilha eletrônica, recomenda-se que cada coluna contenha apenas um tipo de informação, por exemplo, teores nutricionais do nitrogênio nas amostras foliares, evitando-se que a mesma informação (por exemplo, teor de nitrogênio) estejam em mais de uma coluna.

Outra condição é que cada linha, a exceção da primeira linha da planilha, contenha todas as informações do banco de dados (mesmo que a informação seja nula ou ausente), enquanto que a primeira linha deverá conter o nome dos dados contidos na respectiva coluna.

Portando, a primeira linha descreverá as informações do conjunto de dados contidos em cada coluna. No exemplo dos dados disponibilizados como exemplo, a coluna A, B, C, D, E, F, G e H conterão, respectivamente, a identificação da amostra, a produtividade em sacas por hectare, a classe de produtividade e os teores dos nutrientes N, P, K, Ca e Mg, com as denominações de: Amostras, Prod, Classe_Prod, N, P, K, Ca e Mg, respectivamente (Figura 1).

	A	B	C	D	E	F
1	Amostra	Prod	Classe_Prod	N	P	K
99	98	59,7		19,2	1,0	14,1
100	99	58,8		17,5	1,0	11,3
101	100	51,5		19,8	1,0	11,0
102	101	75,8		20,2	1,0	11,0
103	102	50,3		20,0	1,0	6,9
104	103	56,0		17,0	0,8	8,1
105	104	45,0		19,5	1,0	10,4
106	105	90,7		18,6	1,0	11,5
107	106	48,4		17,9	0,7	9,8
108	107	62,1		19,3	0,8	12,4
109	108	82,6		19,2	0,9	6,1
110	109	33,3		17,6	1,0	10,9
111	110	64,0		15,7	1,0	13,4
112	111	62,4		17,7	1,0	10,6
113						
114						
115						

Figura 1: Denominação das colunas e inserção dos seus respectivos dados na planilha eletrônica e definição da coluna e linha a ser deixadas em branco.

Quando houver perda da informação, por exemplo, do teor nutricional de um determinado nutriente, ainda assim a amostra poderá ser utilizada, contanto que contenha informações sobre os demais nutrientes e pelo menos a informação da produtividade, que no caso será sempre exigida.

Na demonstração a seguir também será utilizada a seguinte notação:

{ conteúdo } = o conteúdo contido entre a abertura e o fechamento dos colchetes indica a informação que deverá ser escrita dentro de uma célula da planilha eletrônica.

[indicação] = a informação contida entre abertura e o fechamento dos colchetes indicam o endereço da célula da planilha eletrônica que deverá ser inserido.

"" = este é um padrão adotado pela planilha do Excel em que a abertura e fechamento de aspas duplas, sem nenhuma informação contida dentro, indica um valor nulo. Se houver qualquer informação, entre a abertura e o fechamento das aspas duplas, significa que a informação é um valor texto, mesmo que escrito na forma de um numeral.

Roteiro de cálculos a serem realizados

Para se estimar as faixas de suficiência (deficiente, adequado e tóxico) pelo método da Chance Matemática, deve-se definir quais classes de valores dos teores nutricionais apresentam maior valores para a chance matemática, agrupando-as na faixa adequada. As demais, serão consideradas a faixa deficiente e tóxica, respectivamente, para os intervalos de valores acima e abaixo dos teores considerados adequados.

As etapas para se calcular a Chance Matemática são:

a) Agrupar as lavouras em duas classes de produtividade: alta ou baixa produtividade;

b) Definir o intervalo de cada classe de teores nutricionais;

c) Avaliar a distribuição de frequência das lavouras em cada classe de teores nutricionais e em cada classe de produtividade;

d) Calcular os valores da chance matemática para cada classe de teor de nutrientes;

e) Calcular os valores da chance matemática relativa para cada faixa de classe de teor dos nutrientes e;

f) Definir com base nos valores da chance matemática relativa a faixa de teores adequados.

A primeira medida a ser feita consiste em agrupar as lavouras em duas classes de produtividade. A recomendação é que se adote critérios estatísticos para essa classificação. Assim, lavouras de alta produtividade pode ser definidas aquelas com produtividade igual a média + 0,5 desvio padrão da produtividade. Adotando-se um critério estatístico, sempre que houver alterações no perfil do estado nutricional das lavouras monitoradas, os valores irão ser ajustados, refletindo de forma mais adequada a evolução tecnológica ou nutricional das lavouras.

Para isto, basta calcular a média aritmética e do desvio padrão da produtividade e definir um limite da produtividade para classificar as lavouras monitoradas em de alta ou baixa produtividade, se estas estiverem acima ou abaixo do limite produtivo, respectivamente.

Para definir o intervalo das classes de teores dos nutrientes, deve-se inicialmente excluir dos dados aqueles valores anormais ou não representativos. Para isto, pode-se excluir, por exemplo, todos os teores cujo valor esteja fora do intervalo da média ± 2 desvios padrões. Excluem-se também quais valores associados a erros de digitação, erros experimentais ou erros analíticos que possa haver no banco de dados.

Após o saneamento dos dados, determina-se teor mínimo e máximo dos teores nutricionais, que serão necessários para calcular a amplitude dos teores nutricionais (subtrair o valor correspondente ao teor máximo pelo correspondente ao teor mínimo de cada nutriente).

O número de classes dos teores nutricionais será então obtido pela raiz quadrada do número de amostras (n), desde que esse número fique em um intervalo entre 5 ou 25.

O intervalo de cada classe deve então ser calculado pela divisão da amplitude do teor do nutriente nos dados saneados pelo número de classes.

A partir do intervalo de classe é possível estipular o limite inferior e superior das classes de distribuição dos teores nutricionais.

A primeira classe (classe 1) terá como limite inferior o teor mínimo válido dos dados saneados, respectivo a cada nutriente. Enquanto que o limite superior será determinado pela soma do limite inferior com o intervalo de classe.

O limite superior da classe 1 também será considerado como sendo limite inferior da segunda classe e ao somar-se o intervalo de classe, encontrará o limite superior da classe dois.

O mesmo deve ser considerado para as demais classes, ou seja, o limite superior de uma classe será o limite superior da classe seguinte e ao somar a amplitude com o limite inferior de dessa classe, encontrará o seu limite superior.

Com a determinação do limite inferior e superior de todas as classes é possível classificar os teores nutricionais das lavouras monitoradas, verificando a qual intervalo das classes o teor avaliado pertence. Esse procedimento será realizado através do uso de uma função, que será detalhado posteriormente.

Sequencialmente, será necessário atribuir cada uma das lavouras monitoradas a uma das classes de distribuição dos teores nutricionais. Também será calculado quantas lavouras dentro de cada classe são tidas como alta ou baixa produtividade, e suas respectivas médias.

Esses valores serão utilizados na fórmula para o cálculo da ChMI(i).

O próximo passo consiste em calcular a expressão (P x (Ai/At)) para cada uma das classes de teores, de todos os nutrientes. Para isto, basta dividir a frequência das lavouras de alta produtividade na classe(i) pelo total de lavouras de alta produtividade, multiplicando-se o resultado da divisão pela média produtividade das lavouras de alta produtividade da classe(i). Sendo i o número da classe avaliada, variando de 1 a n, sendo n, o número de classes definidas anteriormente.

Semelhantemente, deve ser calculado a expressão (P x (Ai/Ci)), obtida pela divisão da frequência das lavouras de alta produtividade na classe(i) pelo total de lavouras da mesma classe(i), multiplicando-se o resultado pela média da produtividade das lavouras de alta produtividade da classe(i).

A chance matemática (ChM(i)) é obtida pela raiz quadrada do resultado da multiplicação das expressões (P x (Ai/At)) e (P x (Ai/Ci)).

Finalmente, deve-se calcular a Chance Matemática Relativa (ChR(i)) para cada classe de teores foliares.

A chance matemática relativa é dada em porcentagem, obtida pela divisão da chance matemática na classe(i) com a maior chance matemática encontrada dentre todas as classes, multiplicada por 100. A faixa adequada será então definida como as classes de teores que apresentam valor de ChR(i) acima de um limite pré-estipulado, que pode ser, por exemplo, 50%.

A Chance Matemática da Média Móvel por sua vez, tem a finalidade de aumentar a amplitude da faixa de suficiência, como ela tira uma média de três ChMatR(i), em termos práticos, é como se ela distribuísse as maiores porcentagens, assim teores considerados insuficientes ou em excessos podem entrar na faixa de suficiência.

Determinada a faixa de suficiência, ou seja, a amplitude dos teores nutricionais considerados adequados, que irão resultar em maiores ganhos produtivos, estas serão utilizadas como referência para realizar o monitoramento nutricional das lavouras comerciais através da diagnose foliar. Podendo ser classificadas como em deficiência, equilíbrio ou excesso, se o teor da lavoura diagnosticada estiver abaixo do limite inferior, entre os limites ou acima do limite superior da faixa de suficiência, respectivamente.

Exemplificando a determinação das faixas de suficiências para nitrogênio

Para esse exemplo, deverá ser preparada uma planilha eletrônica com os dados disponíveis no Anexo A, ou alternativamente, acessar a planilha disponível em www.dris.com.br/arquivos/dados1_exemplo.xlsx.

Com o objetivo de facilitar a compreensão dos procedimentos descritos acima utilizaremos como exemplo a definição dos valores de referência para os teores de nitrogênio e valores de produtividade.

Devido ao fato que usaremos recursos de tabela dinâmica para realizar parte dos procedimentos, é necessário separar os dados da tabela dinâmica dos valores estatísticos que serão calculados para os dados. Para fazer isto, basta deixar uma linha em branco entre o conjunto de dados que serão calculados e as fórmulas a seguir que serão descritas (Figura 1).

Após a linha em branco criada, na mesma coluna usada para armazenar os valores da produtividade, serão calculados a média aritmética, desvio padrão, limite da produtividade, e o número de classes das lavouras.

Média aritmética e Desvio Padrão

A média aritmética é a soma de um conjunto de dados dividido pelo seu número de amostras (n), enquanto que o desvio padrão é o quanto uma amostra pode variar em torno de sua média. Onde segue a demonstração dos processos:

Média Aritmética

Para o cálculo da produtividade das lavouras, na posição que corresponde a célula B114 insira a função para o cálculo da média aritmética, usando a expressão [B114] = {=MÉDIA(B2:B112)}, como pode ser observado na (Figura 2). Esta função (=média()) retornará na célula B114 a média aritmética dos valores da produtividade, das 111 lavouras monitoradas, armazenados nas células que se iniciam em B2 e terminam em B112.

	A	B	C
1	Amostra	Prod	Classe_Prod
100	99	58,8	
101	100	51,5	
102	101	75,8	
103	102	50,3	
104	103	56,0	
105	104	45,0	
106	105	90,7	
107	106	48,4	
108	107	62,1	
109	108	82,6	
110	109	33,3	
111	110	64,0	
112	111	62,4	
113			
114	MÉDIA	=MÉDIA(B2:B112)	

Figura 2: Inserção da Função da média aritmética, na célula B114, do conjunto de dados da produtividade das 111 lavouras monitorada, armazenados desde a célula B2 até B112.

O mesmo deve ser feito para os teores nutricionais das lavouras. Para isso copie a mesma expressão contida na célula B114 ({=MÉDIA(B2:B112)), selecione as células D114, E114, F114, G114 e

H114, ao colar irá retornar a estas células a média aritmética dos teores de N, P, K, Ca e Mg, respectivamente.

Desvio Padrão

De modo semelhante, na mesma coluna e logo abaixo da célula onde foi calculada a média aritmética, dentre as funções disponíveis na planilha eletrônica para o cálculo do desvio padrão, deve-se escolher a função (=DESVPAD.A()), que consiste na determinação do desvio padrão amostral de um conjunto de dados numéricos, ignorando os valores lógicos e textos na amostra (Figura 3).

	A	B	C
1	Amostra	Prod	Classe_Prod
104	103	56,0	
105	104	45,0	
106	105	90,7	
107	106	48,4	
108	107	62,1	
109	108	82,6	
110	109	33,3	
111	110	64,0	
112	111	62,4	
113			
114	MÉDIA	75,1	
115	DESV. PAD	=DESVPAD.A	
116			

Figura 3. Função do Excel (=DESVPAD.A()), indicada para o cálculo do desvio padrão dos dados.

Na célula localizada abaixo da média aritmética, execute a função escolhida, selecionando o conjunto de dados que correspondem à produtividade (B2:B112).

A expressão a ser escrita é: [B115] = {=DESVPAD.A(B2:B112)} (Figura 4).

	A	B	C
1	Amostra	Prod	Classe_Prod
108	107	62,1	
109	108	82,6	
110	109	33,3	
111	110	64,0	
112	111	62,4	
113			
114	MÉDIA	75,1	
115	DESV. PAD	=DESVPAD.A(B2:B112)	
116			
117			

Figura 4: Função para o cálculo do desvio padrão, inserido na célula B115, da produtividade das 111 lavouras monitoradas, armazenados desde a célula B2 até B112

O mesmo deve ser feito para o conjunto de dados dos teores nutricionais. Copie a fórmula contida na célula B115 selecione e cole ainda nesta mesma linha as colunas D, E, F, G e H retornando as estas o desvio padrão para os teores de N, P, K, Ca e Mg.

Limite da Produtividade

O limite da produtividade é necessário para classificar as 111 lavouras monitoradas em baixa e alta produtividade.

O cálculo, como pode ser observado na figura 5, na soma da média aritmética a multiplicação do desvio padrão por 0,25 (podendo serem usados outros valores, como 0,5 ou 0,75 ou 1,0).

Portanto, abaixo do cálculo do desvio padrão deve ser calculado o limite da amplitude utilizando a equação [B116] = {=B114+(0,25*B115)} (Figura 5).

Método da Chance Matemática

	A	B	C
1	Amostra	Prod	Classe_Prod
108	107	62,1	
109	108	82,6	
110	109	33,3	
111	110	64,0	
112	111	62,4	
113			
114	MÉDIA	75,1	
115	DESV. PAD	26,0	
116	LIM_PROD	=(B114+(0,25*B115))	
117			
118			

Figura 5: Função para o cálculo do limite da produtividade inserido na célula B116.

Classe Produtiva

As lavouras que apresentarem produtividade abaixo ou acima do limite produtivo serão consideradas de baixa e alta produtividade, respectivamente.

Para aplicação deste cálculo na planilha eletrônica se faz necessário à aplicação de uma expressão lógica chamada de condicional {= se (condição; valor verdadeiro; valor falso)}.

Esta irá apresentar uma condição e a resposta a essa condição.

Observe na figura 6, que foi usado a última lavoura monitorada (111) para demonstrar o uso da condicional, assim, é possível visualizar quais valores foram usados na condicional (a produtividade da lavoura 111 e o limite da produção).

Portanto, escreva a expressão da condicional [C112]= {=SE(A112>B$116;"A";"B")} (Figura 6). O uso do cifrão ($) é para garantir que a comparação seja sempre com a mesma célula da planilha que armazena o valor do limite de produtividade adotado.

	A	B	C
1	Amostra	Prod	Classe_Prod
108	107	62,1	
109	108	82,6	
110	109	33,3	
111	110	64,0	
112	111	62,4	=SE(B112>B$116; "A";"B")
113			
114	MÉDIA	75,1	
115	DESV. PAD	26,0	
116	LIM_PROD	81,6	
117			
118			
119			
120			

Figura 6: Condicional para classificar da produtividade contida na célula C112.

Analisando a fórmula, se a produtividade (B112) for acima do valor do limite da produtividade (B116) então "A" (alta produtividade), caso seja abaixo, então "B" (baixa produtividade). No exemplo será classificado como B, pois a produtividade da lavoura 111 (62,4 sacas por ha^{-1}) está abaixo do limite da produção (81,6 sacas por ha^{-1}).

Para classificar as outras 110 lavouras, basta copiar a fórmula contida na célula C112, selecionar e colar desde a célula C2 até C111.

Teores máximo e mínimo do nutriente

O teor máximo e mínimo serão calculados duas vezes durante os cálculos. Na primeira vez, para fazer o saneamento estatístico dos dados e na segunda ver para calcular os valores com base nos dados saneados.

Teor Máximo Dados Não Saneados

O teor máximo dos dados não saneados considera todo o conjunto de valores monitorados. Para determinar seu valor deve-se usar a função (=MÁXIMO()), selecionando todas as células que armazenam o conjunto de teores de N. A expressão a ser transcrita será [D117] = {=MÁXIMO(D2:D112)} (Figura 7).

Método da Chance Matemática

	A	B	C	D
1	Amostra	Prod	Classe_Prod	N
108	107	62,1	B	19,3
109	108	82,6	A	19,2
110	109	33,3	B	17,6
111	110	64,0	B	15,7
112	111	62,4	B	17,7
113				
114	MÉDIA	75,1		19,3
115	DESV. PAD	26,0		2,8
116	LIM_PROD	81,6		
117	MÁXIMO			=MÁXIMO(D2:D112)
118				
119				
120				

Figura 7: Função, inserida na célula D117, para encontrar o valor máximo entre o conjunto de teores de N selecionados.

O mesmo deve ser realizado para os demais nutrientes, bastando copiar a fórmula contida na célula D117 e colar nas células E118, F118, G118, H118, retornando nessas o máximo teor encontrado no conjunto de dados selecionados para P, K, Ca, Mg, respectivamente.

Teor mínimo dos dados não saneados

De modo semelhante, para encontrar o mínimo dentre os valores selecionados, utiliza a função (=MÍNIMO()). Selecionando o conjunto de células que armazenam os teores de N desde a célula D2 até D112. A função completa a ser utilizada é [D118] = {=MÍNIMO(D2:D112)}, como pode ser observado na figura 8.

	A	B	C	D
1	Amostra	Prod	Classe_Prod	N
111	110	64,0	B	15,7
112	111	62,4	B	17,7
113				
114	MÉDIA	75,1		19,3
115	DESV. PAD	26,0		2,8
116	LIM_PROD	81,6		
117	MÁXIMO			26,6
118	MÍNIMO			=MÍNIMO(D2:D112)
119				
120				
121				

Figura 8: Função, inserida na célula D118, para encontrar o valor mínimo dentre o conjunto de teores de N selecionados.

O mesmo deve ser realizado para os demais nutrientes, bastando copiar a função e colando nas células E118, F118, G118, H118, retornando nessas o valor mínimo dentre o conjunto de teores selecionados para P, K, Ca,

Mg, respectivamente.

Limites de valores mínimo e máximo para sanear os dados

Esses limites são utilizados para excluir os valores extremos, os quais podem estar relacionados a erros de digitação, erros analíticos, amostrais ou erros experimentais.

Limite para o teor máximo saneado

O teor máximo para dados saneados é determinado pelo soma da média aritmética dos teores do nutriente com o valor correspondente a duas vezes o desvio padrão, respectivamente para cada um dos nutrientes. Assim, transcreva a equação [D119] = {=D114+2*D115)}, como demonstrado na figura 9.

	A	B	C	D
1	Amostra	Prod	Classe_Prod	N
113				
114	MÉDIA	75,1		19,3
115	DESV. PAD	26,0		2,8
116	LIM_PROD	81,6		
117	MÁXIMO			26,6
118	MÍNIMO			1,4
119	MÁX_VÁLIDO			=D114+2*D115
120				
121				
122				

Figura 9: Função, inserida na célula D119, para determinar o limite para o teor máximo saneado do nitrogênio.

Este cálculo deve ser repetido para os demais nutrientes, copiando essa fórmula e colando-a nas células E119, F119, G119, H119, retornando nessas o limite para o teor máximo saneado dos nutrientes P, K, Ca, Mg, respectivamente.

Limite do teor mínimo saneado

O cálculo para determinar o limite do teor mínimo saneado é semelhante ao anterior, excetuando somente que ao invés da soma, haverá a subtração da média aritmética com duas vezes o valor do desvio padrão dos teores de N. Assim, transcreva como mostrado na figura 10, a expressão [D120= {=D114-2*D115)}.

	A	B	C	D
1	Amostra	Prod	Classe_Prod	N
113				
114	MÉDIA	75,1		19,3
115	DESV. PAD	26,0		2,8
116	LIM_PROD	81,6		
117	MÁXIMO			26,6
118	MÍNIMO			1,4
119	MÁX_VÁLIDO			24,9
120	MÍN_VÁLIDO			=D114-2*D115
121				
122				
123				

Figura 10: Função, inserido na célula D120, para determinar o teor mínimo válido de nitrogênio.

Este cálculo deve ser repetido para os demais nutrientes, copiando essa fórmula e colando nas células E120, F120, G120, H120, retornando nessas o teor mínimo válido dos nutrientes P, K, Ca, Mg, respectivamente.

Seleção dos teores nutricionais saneados

A partir dos limites para os teor máximo e mínimo dos nutrientes, anteriormente calculado, deve-se realizar o saneamento dos dados, mantendo nos cálculos somente os teores que se encontram dentro desse intervalo.

Os teores saneados devem ser inseridos em uma nova coluna na planilha (coluna I).

Observe, na figura 11, que para verificar se determinado valor está dentro ou fora do intervalo considerado válido, esses limites serão selecionados na fórmula: o máximo válido (célula D119), mínimo válido (célula D120) e o teor a ser analisado (célula D112). A fórmula completa será I112={=SE(OU(D112="";D112>D$119;D112<D$120);"";D112)}.

	A	B	C	D	E	F	G	H	I
1	Amostra	Prod	Classe_Prod	N	P	K	Ca	Mg	N_
107	106	48,4	B	17,9	0,7	9,8	6,9	1,1	17,9
108	107	62,1	B	19,3	0,8	12,4	8,0	1,6	19,3
109	108	82,6	A	19,2	0,9	6,1	9,6	3,5	19,2
110	109	33,3	B	17,6	1,0	10,9	8,4	2,3	17,6
111	110	64,0	B	15,7	1,0	13,4	7,5	1,6	15,7
112	111	62,4	B	17,7	1,0	10,6	12,2	2,9	=SE(OU(D112="";D112>D$119;D112<D$120);"";D112)
113									
114	MÉDIA	75,1		19,3	1,1	14,0	10,2	2,1	
115	DESV. PAD	26,0		2,8	0,3	3,3	2,3	0,8	
116	LIM_PROD	81,6							
117	MÁXIMO			26,6	2,2	22,2	16,5	6,7	
118	MÍNIMO			1,4	0,7	6,1	5,0	0,6	
119	MÁX_VÁLIDO			24,9	1,8	20,6	14,9	3,8	
120	MÍN_VÁLIDO			13,8	0,5	7,5	5,6	0,4	

Figura 11: Fórmula (célula I112) utilizada para verificar se o teor de nitrogênio (célula D112) está dentro do intervalo desejado, ou seja, entre teor mínimo (célula D119) e o máximo (célula D120) válidos.

Note que neste caso além do uso da condicional {=se (condição; valor verdadeiro; valor falso)} ainda se aplica o teste lógico {=ou(expressão 1; expressão 2; ....)}.

O uso conjunto da condicional e da expressão é necessário, pois, além de certificar que o teor avaliado está dentro do intervalo válido, verifica-se a possibilidade do valor ser ausente. Assim, se determinada lavoura tiver as informações de um ou mais nutrientes perdidas, mas ainda possuir os dados de produtividade e dos demais nutrientes, essa informação poderá ser mantida no banco de dados, porém ao invés de conter o valor zero, deverá ser mantida com a célula vazia (valor nulo).

No exemplo, se todas essas expressões testadas forem verdadeiras (ou seja, o valor é nulo, ou está abaixo do teor mínimo ou acima do teor máximo válidos), retornará a célula valor nulo (""). Por outro lado, se as expressões forem tidas como falsas, então na célula permanecerá o valor avaliado, neste exemplo é 17,7 g kg^{-1} (D112). Assim, nesse conjunto de dados da coluna "I" somente irão constar os teores considerados válidos.

Outra técnica utilizada na fórmula foi o uso do cifrão ($), com ele é possível fixar o endereço de uma coluna, uma linha ou mesmo uma célula, quando a fórmula é copiada para outros endereços sua fórmula é movida para outras colunas e linhas.

Neste exemplo, o cifrão foi usado entre a letra e o número (D$120), isso possibilita manter constante a linha desejada, linha 120, então mesmo ao copiar a fórmula para as demais linhas, os valores do mínimo (D$120) e máximo (D$119) válido serão mantidos constantes.

<u>Média aritmética, desvio padrão, teor máximo e mínimo dos teores dos nutrientes saneados</u>

Selecionado os teores nutricionais que finalmente representam os dados monitorados, é preciso recalcular a média aritmética, desvio padrão, teor máximo e mínimo desses valores.

Nestes casos, ao invés de refazer a fórmula basta copiá-la e colar nas células respectiva de cada nutriente. A figura 12, demonstra que copiando as funções já utilizada para o Mg para todos esses cálculos citados, basta colar nas células a direita, nas linhas 114, 115, 117 e 118 e colunas I, J, K, L, M. E na figura 13 é possível conferir esses resultados.

	A	B	C	D	E	F	G	H	I	J	K	L	M
1	Amostra	Prod	Classe_Prod	N	P	K	Ca	Mg	N_	P_	K_	Ca_	Mg_
101	100	51,5	B	19,8	1,0	11,0	10,2	2,2	19,8	1,0	11,0	10,2	2,2
102	101	75,8	B	20,2	1,0	11,0	11,6	1,4	20,2	1,0	11,0	11,6	1,4
103	102	50,3	B	20,0	1,0	6,9	12,2	3,9	20,0	1,0		12,2	
104	103	56,0	B	17,0	0,8	8,1	11,2	3,7	17,0	0,8	8,1	11,2	3,7
105	104	45,0	B	19,5	1,0	10,4	10,7	2,3	19,5	1,0	10,4	10,7	2,3
106	105	90,7	A	18,6	1,0	11,5	8,9	1,3	18,6	1,0	11,5	8,9	1,3
107	106	48,4	B	17,9	0,7	9,8	6,9	1,1	17,9	0,7	9,8	6,9	1,1
108	107	62,1	B	19,3	0,8	12,4	8,0	1,6	19,3	0,8	12,4	8,0	1,6
109	108	82,6	A	19,2	0,9	6,1	9,6	3,5	19,2	0,9		9,6	3,5
110	109	33,3	B	17,6	1,0	10,9	8,4	2,3	17,6	1,0	10,9	8,4	2,3
111	110	64,0	B	15,7	1,0	13,4	7,5	1,6	15,7	1,0	13,4	7,5	1,6
112	111	62,4	B	17,7	1,0	10,6	12,2	2,9	17,7	1,0	10,6	12,2	2,9
113													
114	MÉDIA	75,1		19,3	1,1	14,0	10,2	2,1					
115	DESV. PAD	26,0		2,8	0,3	3,3	2,3	0,8					
116	LIM_PROD	81,6											
117	MÁXIMO			26,6	2,2	22,2	16,5	6,7					
118	MÍNIMO			1,4	0,7	6,1	5,0	0,6					

Figura 12: Células selecionadas, onde as funções da média aritmética, desvio padrão, teor máximo e mínimo deverão ser coladas.

Note que neste caso não é preciso refazer o cálculo para o mínimo e máximo válido (usando a média aritmética e desvio padrão), pois como já foram eliminados os valores das extremidades exorbitantes. Os teores mínimo e máximo encontrados na figura 13 já são adequados.

	A	B	C	D	E	F	G	H	I	J	K	L	M
1	Amostra	Prod	Classe_Prod	N	P	K	Ca	Mg	N_	P_	K_	Ca_	Mg_
103	102	50,3	B	20,0	1,0	6,9	12,2	3,9	20,0	1,0		12,2	
104	103	56,0	B	17,0	0,8	8,1	11,2	3,7	17,0	0,8	8,1	11,2	3,7
105	104	45,0	B	19,5	1,0	10,4	10,7	2,3	19,5	1,0	10,4	10,7	2,3
106	105	90,7	A	18,6	1,0	11,5	8,9	1,3	18,6	1,0	11,5	8,9	1,3
107	106	48,4	B	17,9	0,7	9,8	6,9	1,1	17,9	0,7	9,8	6,9	1,1
108	107	62,1	B	19,3	0,8	12,4	8,0	1,6	19,3	0,8	12,4	8,0	1,6
109	108	82,6	A	19,2	0,9	6,1	9,6	3,5	19,2	0,9		9,6	3,5
110	109	33,3	B	17,6	1,0	10,9	8,4	2,3	17,6	1,0	10,9	8,4	2,3
111	110	64,0	B	15,7	1,0	13,4	7,5	1,6	15,7	1,0	13,4	7,5	1,6
112	111	62,4	B	17,7	1,0	10,6	12,2	2,9	17,7	1,0	10,6	12,2	2,9
113													
114	MÉDIA	75,1		19,3	1,1	14,0	10,2	2,1	19,4	1,1	14,0	10,1	2,1
115	DESV. PAD	26,0		2,8	0,3	3,3	2,3	0,8	2,0	0,2	2,6	1,9	0,7
116	LIM_PROD	81,6											
117	MÁXIMO			26,6	2,2	22,2	16,5	6,7	24,7	1,7	19,3	14,7	3,8
118	MÍNIMO			1,4	0,7	6,1	5,0	0,6	15,1	0,7	8,1	5,9	0,6

Figura 13: Resultados encontrados para os cálculos da média aritmética, desvio padrão, teor máximo e mínimo aos teores dos nutrientes N, P, K, Ca e Mg.

Amplitude

A amplitude consiste no tamanho do intervalo entre o menor e o maior teor do nutriente no conjunto de dados. Assim, será o resultado da subtração do teor máximo pelo teor mínimo válidos, encontrados no tópico anterior. A fórmula a ser transcrita é [I121] = {=I117 - I118)} (Figura 14).

	A	B	C	D	E	F	G	H	I
1	Amostra	Prod	Classe_Prod	N	P	K	Ca	Mg	N_
115	DESV. PAD	26,0		2,8	0,3	3,3	2,3	0,8	2,0
116	LIM_PROD	81,6							
117	MÁXIMO			26,6	2,2	22,2	16,5	6,7	24,7
118	MÍNIMO			1,4	0,7	6,1	5,0	0,6	15,1
119	MÁX_VÁLIDO			24,9	1,8	20,6	14,9	3,8	
120	MÍN_VÁLIDO			13,8	0,5	7,5	5,6	0,4	
121	AMPLITUDE								=I117-I118
122									

Figura 14: Fórmula, inserida na célula I121, para calcular a amplitude dos teores.

A amplitude deve ser calculada para os demais nutrientes, assim, copie a fórmula contida na célula I121 e cole nas células J121, K121, L121 e M121 para determinar a amplitude dos teores de P, K, Ca e Mg, respectivamente.

Número de classes

O número de classes é obtido pela raiz quadrada do número de amostras (n), que neste exemplo consistem em 111 lavouras monitoradas, resultando em 10, 5 classes.

Neste caso, é preciso fazer uso da função

(=ARREDONDAR.PARA.BAIXO()), que permite arredondar para baixo o resultado da equação, assim, o número de classes será arredondado para 10 (Figura 15).

Transcreva [=B122] = {=ARREDONDAR.PARA.BAIXO(A112^0,5)}

	A	B
1	Amostra	Prod
109	108	82,6
110	109	33,3
111	110	64,0
112	111	62,4
113		
114	MÉDIA	75,1
115	DESV. PAD	26,0
116	LIM_PROD	81,6
117	MÁXIMO	
118	MÍNIMO	
119	MÁX_VÁLIDO	
120	MÍN_VÁLIDO	
121	AMPLITUDE	
122	NC	=ARREDONDAR.PARA.BAIXO(A112^0,5;0)

Figura 15: Função, inserida na célula B122, que possibilita arredondar o resultado da equação para baixo, para definir o número de classes.

Observe que no final da fórmula, possui o zero (Figura 15), ele representa à quantidade de casas que o valor deve ser arredondado. Note que o número foi elevado a 0,5 para obter a raiz quadrada do valor, isto é usado, pois permite tirar a raiz quadrada de qualquer valor, seja ele inteiro ou não.

Pode ser útil também incluir o intervalo de classes mínimos e máximos. Neste caso, a função seria [=B123] = {=se(ARREDONDAR.PARA.BAIXO(A112^0,5)<5;5; se(ARREDONDAR.PARA.BAIXO(A112^0,5)>25;25; ARREDONDAR.PARA.BAIXO(A112^0,5)))}

Intervalo entre classes (IC)

A amplitude e o número de classes são utilizados para calcular o intervalo que cada classe vai possuir, através da divisão do primeiro pelo segundo. Assim, como pode ser visto na figura 16, a fórmula a ser utilizada é [I124] ={=I122/$B123}.

	A	B	C	D	E	F	G	H	I
1	Amostra	Prod	lasse_Pro	N	P	K	Ca	Mg	N_
115	DESV. PAD	26,0		2,8	0,3	3,3	2,3	0,8	2,0
116	LIM_PROD	81,6							
117	MÁXIMO			26,6	2,2	22,2	16,5	6,7	24,7
118	MÍNIMO			1,4	0,7	6,1	5,0	0,6	15,1
119	MÁX_VÁLIDO			24,9	1,8	20,6	14,9	3,8	
120	MÍN_VÁLIDO			13,8	0,5	7,5	5,6	0,4	
121	AMPLITUDE								9,6
122	NC		10						
123	IC								=I121/$B122

Figura 16: Fórmula, inserida na célula I123, para determinar o intervalo entre classes aos teores de nitrogênio.

O uso do cifrão ($), neste caso, localizado atrás da letra (=I121/$B122) tem como função travar a coluna desejada. Então ao mover a fórmula para outras colunas e linhas, que correspondem aos demais nutrientes, a coluna em questão não se moverá. Assim, o número de classes (B122) será utilizada em todos os cálculos (independente da coluna) como denominador.

Determinação do intervalo de cada classe - IC

Sabendo que existem 10 classes no total das 111 lavouras monitoradas e qual a amplitude que cada uma delas deve atingir (intervalo entre classes), já é possível determinar seus limites inferiores e superiores.

Classe 1

A classe 1 terá seu limite inferior, definido como o teor mínimo encontrado (teor mínimo válido) no conjunto de dados saneados, que neste exemplo corresponde a célula I118 = 15,1. Este valor será somente repetido na célula, como pode ser visto na figura 17.

Método da Chance Matemática

	D	E	F	G	H	I
1	N	P	K	Ca	Mg	N_
116						
117	26,6	2,2	22,2	16,5	6,7	24,7
118	1,4	0,7	6,1	5,0	0,6	15,1
119	24,9	1,8	20,6	14,9	3,8	
120	13,8	0,5	7,5	5,6	0,4	
121						9,6
122						
123						0,96
124						
125						
126				CLASSES		
127					1	=I118
128					2	
129					3	
130					4	
131					5	

Figura 17: As 10 classes das 111 lavouras (destacada em vermelho) e a repetição do teor mínimo do nitrogênio na célula I127.

O limite superior, como pode ser visto na figura 18, é dado pela soma do limite inferior com o intervalo de classe estimado, no exemplo, o IC do nitrogênio corresponde a 0,96. Portanto, a fórmula a ser transcrita será =I127={=I126+I$124}

1	N	P	K	Ca	Mg	N_
116						
117	26,6	2,2	22,2	16,5	6,7	24,7
118	1,4	0,7	6,1	5,0	0,6	15,1
119	24,9	1,8	20,6	14,9	3,8	
120	13,8	0,5	7,5	5,6	0,4	
121						9,6
122						
123						0,96
124						
125						
126				CLASSES		
127					1	15,1
128					2	=I127+I$123
129					3	
130					4	

Figura 18: Fórmula para determinação do limite superior da classe 1, na célula I128.

O cifrão na fórmula neste caso possibilita travar a linha desejada ao copiar e colar para as linhas abaixo da I128, assim no somatório sempre será utilizado o 0,96 (IC de N). Por outro lado ao ser transloucado para outra coluna (coluna J, por exemplo) vai ser o IC do P utilizado no somatório (0,10) e assim ocorrerá para todas as colunas dos nutrientes.

Classe 2

O limite superior da classe 1 será, simultaneamente, o limite inferior da classe 2. Então para encontrar o limite superior desta mesma classe deve-se somar seu limite inferior com o intervalo de classe de N. Ou seja, será sempre o limite inferior mais o IC do nutriente até chegar a última classe.

Demais classes

De modo simplificado, desde que utilizando corretamente o cifrão, ao selecionar e copiar a fórmula na célula I128 e colar nas células deste I129 até M136 é possível determinar os limites inferiores e superiores de todas as 10 classes dos cinco nutrientes.

Na figura 19 é possível conferir todos os intervalos determinados para as 10 classes dos nutrientes N, P, K, Ca e Mg.

	H	I	J	K	L	M
1	Mg	N_	P_	K_	Ca_	Mg_
125						
126	CLASSES	N	P	K	Ca	Mg
127	1	15,1	0,7	8,1	5,9	0,6
128	2	16,1	0,8	9,2	6,8	0,9
129	3	17,1	0,9	10,3	7,7	1,2
130	4	18,0	1,0	11,4	8,5	1,5
131	5	19,0	1,1	12,6	9,4	1,9
132	6	19,9	1,2	13,7	10,3	2,2
133	7	20,9	1,3	14,8	11,2	2,5
134	8	21,8	1,4	15,9	12,1	2,8
135	9	22,8	1,5	17,0	12,9	3,1
136	10	23,8	1,6	18,1	13,8	3,5
137						

Figura 19: Intervalo de classes determinados para todas as classes dos nutrientes N, P, K, Ca E Mg.

Classificação dos teores de nitrogênio nas lavouras monitoradas

Com o intervalo de cada classe, é possível definir em qual das 10 classes os teores nutricionais das lavouras monitoradas se classificam, cujos podem ser feitos através dos testes lógicos da condicional, já demonstrados, porém, o cálculo torna-se complexo devido a quantidade de expressões que serão utilizadas (10 no total), necessitando de bastante atenção na aplicação.

Assim, deverão ser criadas novas colunas para inserir o número do intervalo de classe de cada teor de nitrogênio nas amostras.

Sugerimos, antes de inserir a função por completo na célula, que esta seja feita por etapas em editor de textos tipo "bloco de notas", além da facilidade, ainda se houver erro, fica mais fácil de visualizar e corrigir.

Além disso, é imprescindível o uso do cifrão nesta fórmula, mas, devem ser inseridos entre a letra e o número, pois a intenção é travar a linha quando forem coladas nas colunas e linhas dos demais nutrientes.

Condicionais:

#0 =se(i112="";"";#1)

A primeira condicional (denominadas de #0) é para verificar se o teor (célula) selecionado é nulo (""), se for verdadeira, deve-se manter nulo, se for falsa deve-se aplicar a próxima condicional (#1).

A partir da segunda (#1) até a décima (#9), as condições são para verificar em qual das classes o teor se classifica.

#1 = se(i112<i$128;1;#2)

Condição#1: se o teor de N é menor que o limite inferior da classe 2, se for verdadeira então pertence a classe 1, se for falsa testa a condicional 3 (#2).

2 = se(i112<i$129;2;#3)

O mesmo ocorrerá até a oitava condicional, se não pertence a condicional testada, então se deve testar a próxima.

3 = se(i112<i$130;3;#4)

4 = se(i112<i$131;4;#5)

5 = se(i112<i$132;5;#6)

6 = se(i112<i$133;6;#7)

7 = se(i112<i$134;7;#8)

8 = se(i112<i$135;8;#9)

Na nona condicional, como já foram testadas todas as outras classes, se a condição for falsa, logo pertence à classe 10, não necessitando testar nenhuma outra condição.

9 = se(i112<i$136;9;10)

Finalizado as condicionais estas já podem ser agrupadas. O agrupamento deve ocorrer de baixo para cima como indicado na figura 20, para isso copie a última condicional (#9) e cole no local indicado na condicional #8.

O local indicado é representado pelo # mais o número da condicional que se deseja colar, neste exemplo será o #9. A cópia deve iniciar a partir do "Se" de cada condicional (o "Se" indica o início de uma nova condição).

```
#0 =se(i112="";"";#1)
#1 = se(i112<i$128;1;#2)
# 2 = se(i112<i$129;2;#3)
# 3 = se(i112<i$130;3;#4)
# 4 = se(i112<i$131;4;#5)
# 5 = se(i112<i$132;5;#6)
# 6 = se(i112<i$133;6;#7)
# 7 = se(i112<i$134;7;#8)
# 8 = se(i112<i$135;8;se(i112<i$136;9;10))
# 9 =
```

Figura 20: Agrupamento das 10 condicionais, de baixo para cima indicada pela flecha.

Feito isso, todos esses valores agora pertencem a condicional #8, então tudo deve ser copiado e transferido para a condicional #7. Todas as condições (Se) devem ser passadas por cada condicional (#) até chegar a primeira condicional (#0), como mostra a figura 21, chegando assim numa única fórmula, que deverá então ser inserida na planilha eletrônica.

```
#0 =se(i112="";""; se(i112<i$128;1;se(i112<i$129;2;se(i112<i$130;3; se(i112<i$131;4;se(i112<i$132;5;se(i112<i$133;6;se(i112<i$134;7;se(i112<i$135;8;se(i112<i$136;9;10))))))))))
#1 =
# 2 =
# 3 =
# 4 =
# 5 =
# 6 =
# 7 =
# 8 =
# 9 =
```

Figura 21: Fórmula completa das condicionais a ser aplicada para classificação dos teores de nitrogênio.

Na planilha eletrônica, para exemplificar, será utilizado à classificação do teor de N da última lavoura monitorada (N 112) para melhor compreensão e por possibilitar observar quais dados estão sendo utilizados na fórmula.

Na célula I112 deve ser colada a fórmula completa anteriormente montada no bloco de notas (Figura 21) e assim classificar o teor do nitrogênio na lavoura 111. Uma dica é copiar a formula a partir do "SE" e deixar "=" do início da fórmula para ser escrita diretamente na célula.

Fórmula:

=SE(I112="";"";SE(I112<I$128;1;SE(I112<I$129;2;SE(I112<I$130;3;SE(I112<I$131;4;SE(I112<I$132;5;SE(I112<I$133;6;SE(I112<I$134;7;SE(I112<I$135;8;SE(I112<I$136;9;10))))))))))

Método da Chance Matemática

	H	I	J	K	L	M	N
1	Mg	N	P	K	Ca	Mg	N_CL
112	2,9	17,7	1,0	10,6	12,2	2,9	=SE(I112="";"";SE(I112<I128;1;SE(I112<I$129;2;SE(I112<I$130;3;SE(I112<I$13
113							
114	2,1	19,4	1,1	14,0	10,1	2,1	
115	0,8	2,0	0,2	2,6	1,9	0,7	
116							
117	6,7	24,7	1,7	19,3	14,7	3,8	
118	0,6	15,1	0,7	8,1	5,9	0,6	
119	3,8						
120	0,4						
121		9,6	1,0	11,2	8,8	3,2	
122							
123		0,96	0,10	1,12	0,88	0,32	
124							
125							
126	CLASSES	N	P	K	Ca	Mg	
127	1	15,1	0,7	8,1	5,9	0,6	
128	2	16,1	0,8	9,2	6,8	0,9	
129	3	17,1	0,9	10,3	7,7	1,2	
130	4	18,0	1,0	11,4	8,5	1,5	
131	5	19,0	1,1	12,6	9,4	1,9	
132	6	19,9	1,2	13,7	10,3	2,2	
133	7	20.9	1.3	14.8	11.2	2.5	

Figura 22: Fórmula, inserida na célula N112, para classificação dos teores nutricionais nas 10 classes.

Esta mesma formula pode ser copiada e utilizada para fazer a classificação de todas os demais nutrientes, através da colagem da mesma nas células desde a N2 até a R112.

É necessário que o usuário confira algumas das classificações obtidas, para confirmar a veracidade dos resultados, pois se houve erro na fórmula ou no uso do cifrão as classificações serão errôneas. Por exemplo, verifique se o teor de N da última lavoura (17,7 g kg^{-1}), foi dado como pertencente à classe 3 (entre 17,1 e 18 g kg^{-1}), caso não seja esta a classificação, haverá erros na fórmula.

Chance matemática

Para aplicar o cálculo da chance matemática são necessárias obter o número de lavouras de alta produtividade e o número total de lavouras, ambas para cada uma das classes de teores nutricionais. Esses valores podem ser obtidos com o uso do recurso tabela dinâmica, disponível nas planilhas eletrônicas.

Tabela dinâmica

Após selecionar os dados (A1 a R112), para acionar a tabela dinâmica, clique em inserir "tabela dinâmica", e na janela que abrirá deve selecionar uma nova planilha (Figuras 23 e 24).

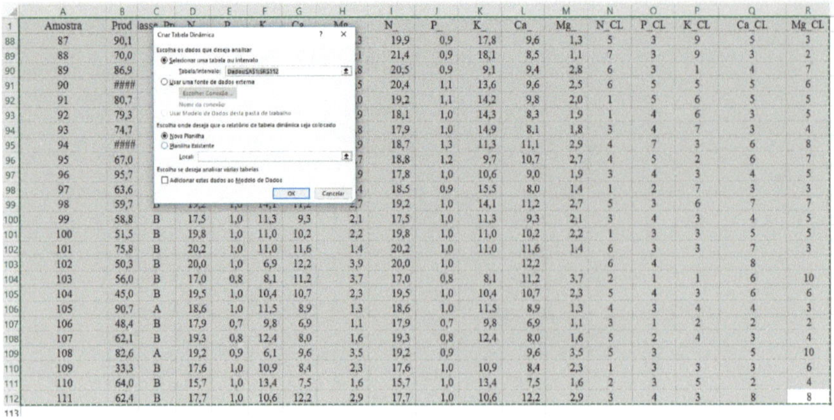

Figura 23: Indicação de como utilizar a tabela dinâmica

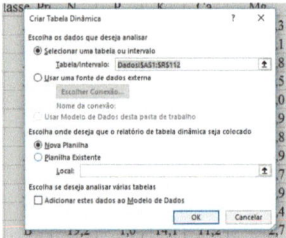

Figura 24: Janela onde se deve selecionar uma nova planilha para abrir a tabela dinâmica.

Já em uma nova planilha irá abrir a tabela dinâmica e na lateral direita abrirá uma barra de comandos onde também constituirá sua lista de campos (Figura 25).

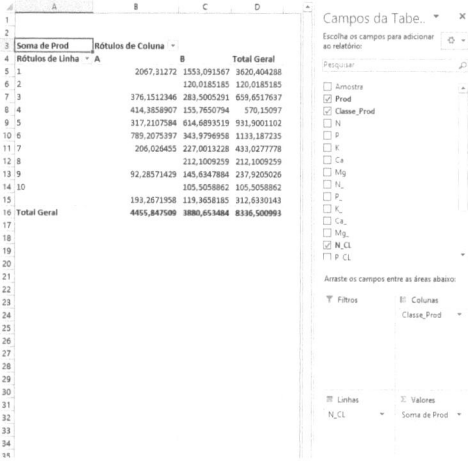

Figura 25: Seleção da produtividade, a classe produtiva e a classificação do nitrogênio para os campos da tabela dinâmica.

Dentro da barra de comando à direita, é preciso selecionar a produtividade das lavouras (campo Prod), a classe produtiva da lavoura (Classe_Prod) e a classe do teor de nitrogênio (N_CL) (ou P_CL, K_CL, Ca_CL e Mg_CL para os demais nutrientes). A produtividade deverá ir para o campo de Valores, a N_CL para o campo Linhas e a Classe_Prod para o campo Colunas (Figura 25).

Porém algumas mudanças precisão ser acrescentadas. A produtividade ao ir automaticamente para o campo de soma de valores como "contagem de valores", deve ser alterada para "média" (Figura 26).

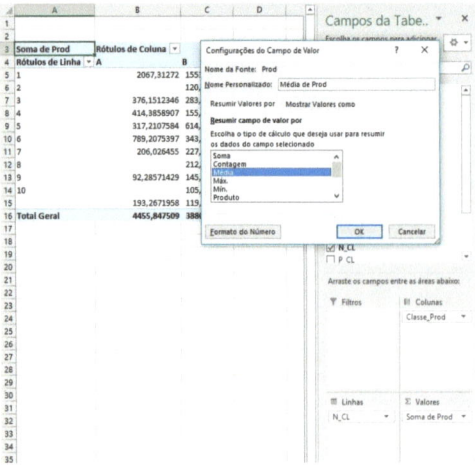

Figura 26: Passo a passo para modificar o campo de valores da tabela dinâmica.

Outra alteração a ser realizada é o arraste de alguns valores do campo, o N_CL além de ser mantido no campo rótulos de linha, deve ser colocado no campo soma de valores (Figura 27), em forma de "contagem", caso não se apresente desta forma, a opção correta deve ser selecionada da mesma forma demonstrada na figura 26.

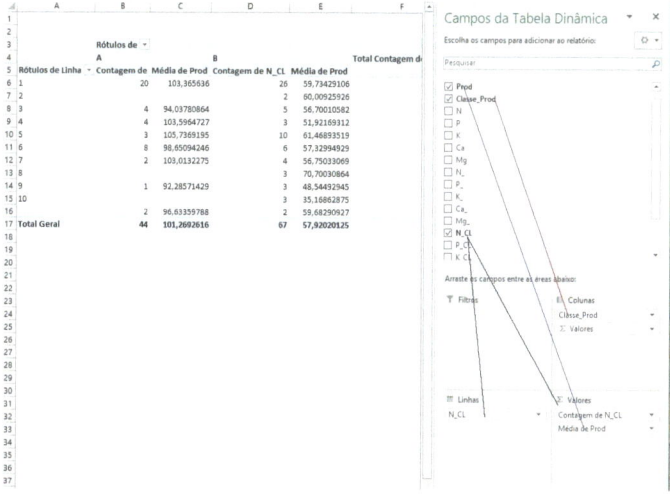

Figura 27: Arraste da classe produtiva e a classificação dos teores de nitrogênio para os campos rótulos de coluna e soma de valores, respectivamente.

Selecionando e alocando nos campos corretos, os dados serão automaticamente exibidos na tabela dinâmica da seguinte forma: em rótulos de linha apresentarão as 10 classes de teor de nitrogênio; em rótulo de colunas terão a classificação em alta ou baixa produtividade (A ou B, respectivamente) e total de lavoura, nos quais vão apresentar a contagem de N_CL e a média de Prod (Figura 28).

	Rótulos de Coluna					
	A		B		Total Contagem de N_CL	Total Média de Prod
Rótulos de Linha	Contagem de N_CL	Média de Prod	Contagem de N_CL	Média de Prod		
1	20	103,4	26	59,7	46	78,7
2			2	60,0	2	60,0
3	4	94,0	5	56,7	9	73,3
4	4	103,6	3	51,9	7	81,5
5	3	105,7	10	61,5	13	71,7
6	8	98,7	6	57,3	14	80,9
7	2	103,0	4	56,8	6	72,2
8			3	70,7	3	70,7
9	1	92,3	3	48,5	4	59,5
10			3	35,2	3	35,2
	2	96,6	2	59,7	4	78,2
Total Geral	44	101,3	67	57,9	111	75,1

Figura 28: Rótulos de linha e de coluna da tabela dinâmica.

O N_CL é o número de lavouras que são pertencentes a cada uma das 10 classes dos teores de nitrogênio (i = 1 até 10), a média Prod representa a média da produtividade das lavouras de cada classe de teor de nitrogênio (i = 1 até 10). A contagem de N total para a classe(i) e a média da produtividade total das lavouras na classe(i), consideram o total de lavouras (alta e baixa produtividade) dentro de cada classe (Figura 28). São esses valores que serão utilizados para os próximos cálculos. Atente-se para o fato de que alguma classe de teores pode não ser apresentada caso não aja nenhuma lavoura com teor de nitrogênio contido nesta classe de frequência. Ainda, na tabela dinâmica, em rótulos de linhas, abaixo da classe 10, existe uma célula em branco, que representa as lavouras que não estão dentro de nenhuma dessas classes, devido à seleção dos teores realizada no saneamento dos dados.

Para prosseguir, devem ser inseridos ao final da tabela dinâmica, as informações sobre os dez intervalos de classe de teores de nitrogênio e os respectivos limites inferiores dessas classes (Figura 29). A inserção destes campos inclusive facilita identificar a eventualidade de alguma classe de teores de nitrogênio que não tenha informações, pois neste caso, não haverá correspondência absoluta entre os valores da coluna A6:A15 e da coluna H6:H15.

	Rótulos de Coluna								
	A		B		Total Contagem de N_CL	Total Média de Prod			
Rótulos de Linha	Contagem de N_CL	Média de Prod	Contagem de N_CL	Média de Prod			CLASSES	N
1		20	103,4	26	59,7	46	78,7	1	15,1
2				2	60,0	2	60,0	2	16,1
3		4	94,0	5	56,7	9	73,3	3	17,1
4		4	103,6	3	51,9	7	81,5	4	18,0
5		3	105,7	10	61,5	13	71,7	5	19,0
6		8	98,7	6	57,3	14	80,9	6	19,9
7		2	103,0	4	56,8	6	72,2	7	20,9
8				3	70,7	3	70,7	8	21,8
9		1	92,3	3	48,5	4	59,5	9	22,8
10				3	35,2	3	35,2	10	23,8
		2	96,6	2	59,7	4	78,2		
Total Geral		44	101,3	67	57,9	111	75,1		

Figura 29: Rótulos de linha e de coluna da tabela dinâmica com dados do limite inferior de cada classe de teor de nitrogênio.

Para prosseguir, devem ser nomeadas, nas células J5, K5 e L5 os nomes {Prod x (Ai/At)}, {Prod x (Ai/Ci)) e {ChM(i)}, respectivamente. Nas células M5 e O5, devem ser nomeadas como {ChR(i)} e {ChMM(i)}.

Recomenda-se ao utilizar os valores da tabela dinâmica, referenciar os endereços sem clicar diretamente dentro das células da tabela dinâmica, pois ao se evitar esse procedimento de clicar nas células irá facilitar no momento da atualização dos dados.

<u>Relação entre a frequência das lavouras de alta produtividade na classe (i) pelo total de lavouras de alta produtividade</u>

O valor de Prod x (Ai/At) deve ser calculado pela divisão do número de lavouras de alta produtividade pertencente a classe(i) (Ai) pelo total de lavouras de alta produtividade (At), multiplicando o resultado pela média da produtividade das lavouras de alta produtividade da classe(i) (Prod), sendo i, o número que representa a classe, variando de 1 a 10 no caso dos dados do exemplo atual.

Para isto, insira a seguinte expressão [J6] = {=(B6/B$17)*C6} (Figura 30).

	A	B	C	D	E	F	G	H	I	J	K	L	M
1													
2													
3		Rótulos											
4		A		B		Total Co	Total Média de Prod						
5	Rótu	Contager	Média d	Contage	Média de Prod			Classes	N	Prod x (Ai/At)	Prod x (Ai/Ci)	ChM(i)	ChR(i)
6	1	20	103,4	26	59,7	46	78,7	1	15,1	=(B6/B$17)*C6			
7	2			2	60,0	2	60,0	2	16,1				
8	3	4	94,0	5	56,7	9	73,3	3	17,1				
9	4	4	103,6	3	51,9	7	81,5	4	18,0				
10	5	3	105,7	10	61,5	13	71,7	5	19,0				
11	6	8	98,7	6	57,3	14	80,9	6	19,9				
12	7	2	103,0	4	56,8	6	72,2	7	20,9				
13	8			3	70,7	3	70,7	8	21,8				
14	9	1	92,3	3	48,5	4	59,5	9	22,8				
15	10			3	35,2	3	35,2	10	23,8				
16		2	96,6	2	59,7	4	78,2						
17	Total	44	101,3	67	57,9	111	75,1						

Figura 30. Cálculo da Relação entre a frequência das lavouras de alta produtividade na classe(i) pelo total de lavouras de alta produtividade, inserido na célula J6.

Observe novamente o uso do cifrão para travar a linha onde contém o número de lavouras totais de alta produtividade (Figura 30).

Para realizar o cálculo de Prod x (Ai/At) a fórmula, contida na célula J6, deve ser copiada e colada nas células abaixo (J7 a J15).

Caso algum intervalo de classe de teores de nitrogênio não tenham sido inclusos na tabela dinâmica, deve-se corrigir a cópia das células para que os endereços relativos sejam corrigidos, de forma que cada valor da coluna J6:J15 corresponda ao respectivo número dos intervalos de classe da coluna A6:A15.

<u>Relação entre a frequência das lavouras de alta produtividade na classe(i) pelo total de lavouras totais da classe(i)</u>

A variável Prod x (Ai/Ci) é calculada pela divisão da frequência de lavouras de alta produtividade na classe (i) (Ai) pela frequência total de lavouras na classe(i) (Ti) multiplicando o valor pela média da produtividade das lavouras na classe(i) (Prod) de alta produtividade (A).

Como demonstra a figura 31, a fórmula a ser inserida é [K6] = {=(B6/F6)*C6}.

	A	B	C	D	E	F	G	H	I	J	K	L	M
1													
2													
3		Rótulos											
4		A		B		Total Co	Total Média de Prod						
5	Rótu'	Contage	Média d	Contage	Média de Prod			Classes	N	Prod x (Ai/At)	Prod x (Ai/Ci)	ChM(i)	ChR(i)
6	1	20	103,4	26	59,7	46	78,7	1	15,1	47,0	=(B6/F6)*C6		
7	2			2	60,0	2	60,0	2	16,1	0,0			
8	3	4	94,0	5	56,7	9	73,3	3	17,1	8,5			
9	4	4	103,6	3	51,9	7	81,5	4	18,0	9,4			
10	5	3	105,7	10	61,5	13	71,7	5	19,0	7,2			
11	6	8	98,7	6	57,3	14	80,9	6	19,9	17,9			
12	7	2	103,0	4	56,8	6	72,2	7	20,9	4,7			
13	8			3	70,7	3	70,7	8	21,8	0,0			
14	9	1	92,3	3	48,5	4	59,5	9	22,8	2,1			
15	10			3	35,2	3	35,2	10	23,8	0,0			
16		2	96,6	2	59,7	4	78,2						
17	Total C	44	101,3	67	57,9	111	75,1						
18													
19													

Figura 31: Fórmula para calcular a relação entre a frequência das lavouras de alta produtividade na classe(i) pelo total de lavouras totais da classe(i), inserida na célula K6.

Para calcular o valor Prod x (Ai/Ci) para as demais classes, basta copiar a fórmula contida na célula K6 e colar nas células logo abaixo, até a célula K16.

Chance Matemática (ChM)

A ChM consiste na raiz quadrada do produto da multiplicação das duas relações anteriormente calculadas: Prod x (Ai/At) xProd x (Ai/Ci).

Deve-se portando inserir a seguinte fórmula [L6] = { = (J6*K6)^0,5} (Figura 32).

	B	C	D	E	F	G	H	I	J	K	L	M
1												
2												
3	Rótulos											
4	A		B		Total Co	Total Média de Prod						
5	Contage	Média d	Contage	Média de Prod			Classes	N	Prod x (Ai/At)	Prod x (Ai/Ci)	ChM(i)	ChR(i)
6	20	103,4	26	59,7	46	78,7	1	15,1	47,0	44,9	=(J6*K6)^0,5	
7			2	60,0	2	60,0	2	16,1	0,0	0,0		
8	4	94,0	5	56,7	9	73,3	3	17,1	8,5	41,8		
9	4	103,6	3	51,9	7	81,5	4	18,0	9,4	59,2		
10	3	105,7	10	61,5	13	71,7	5	19,0	7,2	24,4		
11	8	98,7	6	57,3	14	80,9	6	19,9	17,9	56,4		
12	2	103,0	4	56,8	6	72,2	7	20,9	4,7	34,3		
13			3	70,7	3	70,7	8	21,8	0,0	0,0		
14	1	92,3	3	48,5	4	59,5	9	22,8	2,1	23,1		
15			3	35,2	3	35,2	10	23,8	0,0	0,0		
16	2	96,6	2	59,7	4	78,2						
17	44	101,3	67	57,9	111	75,1						
18												

Figura 32. Fórmula para calcular a chance matemática (i) para o nitrogênio, inserido na célula L6.

O mesmo deve ser feito para a demais classe, copiando a fórmula contida na célula L6 e colando nas células abaixo, L7, L8, L9, L10, L11, L12, L13 e L15 determinando assim a chance matemática para as classes 2 a 10.

Chance Matemática Relativa (ChR)

A ChR(i) é determinada pela relação entre a chance matemática da classe(i) (ChM(i)) pela maior Chance Matemática encontrada dentre as 10 classes (ChMax), sendo expressada em porcentagem.

ChR(i) = ChM(i)/ChMax x 100

Deste modo, a fórmula a ser inserida será [M6] = {=100*L6/máximo(L$6:L$15)} (Figura 33).

	A	B				Classes	N	Prod x (Ai/At)	Prod x (Ai/Ci)	ChM(i)	ChR(i)	ChMM(i)
3	Rótulos											
4	A	B		Total Co	Total Média de Prod							
5	Contagem	Média d	Contage	Média de Prod								
6	20	103,4	26	59,7	46	78,7	1	15,1	47,0	44,9	46,0	=(L6/máximo(L$6:L$15))*100	
7			2	60,0	2	60,0	2	16,1	0,0	0,0	0,0		
8	4	94,0	5	56,7	9	73,3	3	17,1	8,5	41,8	18,9		
9	4	103,6	3	51,9	7	81,5	4	18,0	9,4	59,2	23,6		
10	3	105,7	10	61,5	13	71,7	5	19,0	7,2	24,4	13,3		
11	8	98,7	6	57,3	14	80,9	6	19,9	17,9	56,4	31,8		
12	2	103,0	4	56,8	6	72,2	7	20,9	4,7	34,3	12,7		
13			3	70,7	3	70,7	8	21,8	0,0	0,0	0,0		
14	1	92,3	3	48,5	4	59,5	9	22,8	2,1	23,1	7,0		
15			3	35,2	3	35,2	10	23,8	0,0	0,0	0,0		
16	2	96,6	2	59,7	4	78,2							
17	44	101,3	67	57,9	111	75,1							

Figura 33: Fórmula, inserido na célula M6, para determinação da chance matemática relativa da classe 1 de nitrogênio.

A ChR também deve ser determinada para as demais classes do N, para tanto, basca copiar a fórmula da célula M6 e colar a nas células abaixo, cada qual respectiva a sua classe.

Chance Matemática Média Móvel - ChMM

A chance Matemática Média Móvel é utilizada para definir com maior precisão a faixa de teores adequados. O Cálculo baseia-se na média de três chances matemática relativas.

ChMatM(i) = (ChMatR(i-1) + ChMatR(i) +ChMatR(i+1))/3

Na classe 2 (O7) é feito a média das ChR da classe 1, 2 e 3, através da fórmula [O7] = { =(M6+M7+M8)/3} (Figura 34).

	B	C	D	E	F	G	H	I	J	K	L	M	N	O
1														
2														
3	Rótulos													
4	A	B			Total Co	Total Média de Prod								
5	Contager	Média d	Contage	Média de Prod			Classes	N	Prod x (Ai/At)	Prod x (Ai/Ci)	ChM(i)	ChR(i)		ChMM(i)
6	20	103,4	26	59,7	46	78,7	1	15,1	47,0	44,9	46,0	100		
7			2	60,0	2	60,0	2	16,1	0,0	0,0	0,0	0		=MÉDIA(M6:M8)
8	4	94,0	5	56,7	9	73,3	3	17,1	8,5	41,8	18,9	41		
9	4	103,6	3	51,9	7	81,5	4	18,0	9,4	59,2	23,6	51		
10	3	105,7	10	61,5	13	71,7	5	19,0	7,2	24,4	13,3	29		
11	8	98,7	6	57,3	14	80,9	6	19,9	17,9	56,4	31,8	69		
12	2	103,0	4	56,8	6	72,2	7	20,9	4,7	34,3	12,7	28		
13			3	70,7	3	70,7	8	21,8	0,0	0,0	0,0	0		
14	1	92,3	3	48,5	4	59,5	9	22,8	2,1	23,1	7,0	15		
15			3	35,2	3	35,2	10	23,8	0,0	0,0	0,0	0		
16	2	96,6	2	59,7	4	78,2								
17	44	101,3	67	57,9	111	75,1								
18														
19														

Figura 34: fórmula para determinar a chance matemática móvel, inserido na célula O6.

Na classe 3 (O8) é feito a média da ChR da classe 2, 3 e 4, de forma sucessiva esse processo deve repetido até a classe 9, ou, copie a fórmula, inserida na célula O7, e cole nas células abaixo, respectivas a cada classe.

A primeira e última classe não devem possuem valor para a ChMM, sendo, portanto, sempre assumidas como intervalos de valores de deficiência e de toxidez, respectivamente.

<u>Definição do intervalo da faixa adequada para os teores de nitrogênio.</u>

A partir da ChR já é possível determinar a faixa de suficiência. Entretanto, com o uso da ChMM é possível refinar o resultado, agrupando melhor os valores de ChM(i).

Observe que o uso da ChR apresenta intervalos maiores para a definição da faixa de teores adequados (Figura 35).

Método da Chance Matemática

A	B	C	D	E	F	G	H	I	J	K	L	M	N	O	P	Q
Rótulos																
A		B		Total Co	Total Média de Prod											
Contager	Média d	Contage	Média de Prod			Classes	N	Prod x (Ai/At)	Prod x (Ai/Ci)	ChM(i)	ChR(i)		ChMM(i)			
20	103,4	26	59,7	46	78,7	1	15,1	47,0	44,9	46,0	100					
		2	60,0	2	60,0	2	16,1	0,0	0,0	0,0	0		47			
4	94,0	5	56,7	9	73,3	3	17,1	8,5	41,8	18,9	41		31			
4	103,6	3	51,9	7	81,5	4	18,0	9,4	59,2	23,6	51		40			
3	105,7	10	61,5	13	71,7	5	19,0	7,2	24,4	13,3	29		50			
8	98,7	6	57,3	14	80,9	6	19,9	17,9	56,4	31,8	69		42			
2	103,0	4	56,8	6	72,2	7	20,9	4,7	34,3	12,7	28		32			
		3	70,7	3	70,7	8	21,8	0,0	0,0	0,0	0		14			
1	92,3	3	48,5	4	59,5	9	22,8	2,1	23,1	7,0	15		5			
		3	35,2	3	35,2	10	23,8	0,0	0,0	0,0	0					
2	96,6	2	59,7	4	78,2											
44	101,3	67	57,9	111	75,1											

Figura 35. Faixa de suficiência adequada determinada pela chance matemática relativa e pela chance matemática média móvel.

Neste exemplo (Figura 35) as maiores porcentagens foram dadas para as classes 1 e 6, tendo entre essas, classes com valores para a ChR(i) abaixo de 30% (classes 2 e 5). Isto dificulta a definição mais precisa da faixa adequada.

Por sua vez, adotando-se a ChMM, há maior precisão na definição dos valores, sendo a classe 5 justamente aquela com maior valor para a ChMM(i) e a que dever ser definida prioritariamente como a faixa adequada (Figura 35).

Usando tanto a ChR como a ChMM, é possível ajustar o critério para definição da faixa adequada, resultando em diferentes valores para as faixas de suficiência (Figura 36).

A	B	C	D	E	F	G	H	I	J	K	L	M	N	O	P
	Rótulos														
	A		B		Total Co	Total Média de Prod									
	Rótu'	Contager	Média d	Contage	Média de Prod		Classes	N	Prod x (Ai/At)	Prod x (Ai/Ci)	ChM(i)	ChR(i)		ChMM(i)	
1		20	103,4	26	59,7	46	78,7	1	15,1	47,0	44,9	46,0	100		
2				2	60,0	2	60,0	2	16,1	0,0	0,0	0,0	0		47
3		4	94,0	5	56,7	9	73,3	3	17,1	8,5	41,8	18,9	41		31
4		4	103,6	3	51,9	7	81,5	4	18,0	9,4	59,2	23,6	51		40
5		3	105,7	10	61,5	13	71,7	5	19,0	7,2	24,4	13,3	29		50
6		8	98,7	6	57,3	14	80,9	6	19,9	17,9	56,4	31,8	69		42
7		2	103,0	4	56,8	6	72,2	7	20,9	4,7	34,3	12,7	28		32
8				3	70,7	3	70,7	8	21,8	0,0	0,0	0,0	0		14
9		1	92,3	3	48,5	4	59,5	9	22,8	2,1	23,1	7,0	15		5
10				3	35,2	3	35,2	10	23,8	0,0	0,0	0,0	0		
		2	96,6	2	59,7	4	78,2								
Total G		44	101,3	67	57,9	111	75,1								

Figura 36. Faixa de suficiência adequada determinada pela chance matemática relativa e pela chance matemática média móvel, usando o critério de 40% para a definição da faixa adequada. Isto pode levar a diferentes definições para as faixas de suficiência (Tabela 2).

45

Tabela 2. Faixas de suficiência definidas pelos métodos das chance matemática relativa e da chance matemática média móvel, com dois critérios de valores para a definição da faixa adequada (50% e 40%), para teores de nitrogênio em folhas de cafeeiro, em g kg^{-1}.

Faixas de Suficiência	Método ChR		Método ChMM	
	50%	40%	50%	40%
Deficiente	Não definido	< 17,1	< 19,0	< 18,0
Adequado	< 19,9	>= 17,1 e < 20,9	>= 19,0 e < 19,9	>= 18,0 e < 20,9
Toxidez	>= 19,9	>= 20,9	>= 19,9	>= 20,9

Para calcular a faixa de suficiência pela chance matemática para os demais nutrientes, basta na tabela dinâmica selecionar o nutriente desejado (P_CL, K_CL, Ca_CL e Mg_CL) e refazer todas as operações a partir da tabela dinâmica.

ANEXO A: DADOS DE MONITORAMENTO DE LAVOURAS

Os dados utilizados nos exemplos utilizados nesta publicação estão apresentados na tabela A.

Esses dados consistem de informações de produtividade e de teores de macronutrientes em folhas de café canéfora, obtidos de monitoramento nutricional de lavouras clonais de café canéfora, cultivadas na Zona da Mata Rondoniense, e cujo monitoramento foi realizado na safra de 2013/2014.

Todos os dados foram coletados como parte da dissertação de mestrado de Raquel Schmidt, vinculado ao Programa de Pós-Graduação em Agronomia, da Universidade Federal do Acre.

Na tabela, os dados apresentados consistem dos teores dos nutrientes N, P, K, Ca e Mg, todos em g kg^{-1}, de lavouras amostradas aleatoriamente. A amostragem foliar foi realizada em agosto, logo no início da floração e foram analisadas segundo metodologia descrita por Carmo et al (2000).

A produtividade relativa representa o porcentual da produtividade de cada lavoura em relação a máxima produtividade observada nas lavouras monitoradas. Essa produtividade foi aferida em abril de 2014, colhendo-se seis plantas por lavoura e medindo-se o volume de grãos colhidos e depois, o rendimento do beneficiamento, representando assim a produtividade relativa em relação a produtividade estimada em sacas de 60 kg de café beneficiado por hectare.

Os mesmos dados podem ser obtidos acessando-se o link www.dris.com.br/arquivos/dados1_schmidt.xlsx

Tabela A. Teores de macronutrientes, em g kg^{-1}, em 112 lavouras comerciais de clones de café canéfora cultivados no Estado de Rondônia, com respectiva produtividade relativa (% em relação a maior produtividade observada). Dados dos autores.

Lavoura	N	P	K	Ca	Mg	Produtividade Relativa
1	19,5	1,4	14,2	12,5	2,3	49
2	18,7	1,0	11,7	11,5	2,1	85
3	20,4	1,3	15,2	12,2	2,3	72
4	19,4	1,2	13,7	11,2	2,3	37
5	19,9	1,3	13,0	12,5	2,4	65
6	19,3	1,7	15,8	11,0	1,9	47
7	17,1	2,0	15,4	11,2	2,0	64
8	18,7	1,6	16,1	10,0	1,3	40
9	20,1	1,5	16,0	10,1	1,7	40
10	17,8	2,0	16,4	13,6	1,8	57
11	19,0	2,1	16,2	11,9	1,8	70
12	19,1	1,9	14,5	12,1	1,9	67
13	18,7	1,0	14,9	11,9	1,8	22
14	15,4	2,0	15,6	10,3	1,6	56
15	18,3	1,2	15,0	12,7	2,1	45
16	18,4	1,2	15,1	11,7	1,7	69
17	20,6	1,0	10,0	9,0	3,7	35
18	17,7	1,1	12,7	13,3	3,4	73
19	20,6	0,8	9,7	12,9	2,6	81
20	20,4	2,2	14,5	14,9	1,6	58
21	17,4	1,2	14,0	11,1	1,6	65
22	17,5	1,4	13,1	16,2	2,4	73
23	16,2	1,8	15,2	15,2	1,8	69
24	15,2	1,6	13,4	10,8	2,1	19
25	15,4	1,6	12,7	13,4	2,0	19
26	16,7	1,6	15,1	12,0	2,2	54
27	19,5	1,4	15,6	12,8	1,6	69
28	19,5	1,5	11,3	13,0	2,7	78
29	16,9	1,4	12,2	13,1	2,0	55
30	19,8	1,4	14,9	10,4	1,2	100
31	21,9	1,3	15,2	11,3	3,5	38
32	15,1	2,0	17,3	12,1	1,6	33
33	1,4	1,8	12,5	11,9	2,8	76

Lavoura	N	P	K	Ca	Mg	Produtividade Relativa
34	20,2	1,1	8,8	10,9	2,5	65
35	17,7	1,4	13,3	11,2	2,2	98
36	17,6	1,1	14,5	10,5	1,8	87
37	17,6	0,9	12,9	11,4	2,5	46
38	17,3	0,9	9,2	12,2	2,4	27
39	19,1	0,9	11,2	10,3	3,2	42
40		0,9	13,1	10,1	2,6	52
41	18,9	1,2	16,3	8,3	1,1	47
42	26,6	1,0	12,5	9,1	1,8	31
43	23,7	1,1	12,8	8,5	2,3	20
44	24,6	1,0	13,4	6,9	1,7	18
45	21,5	0,9	15,7	9,3	1,4	27
46	19,4	0,9	15,4	9,4	1,7	53
47	19,8	0,9	14,8	10,3	1,4	70
48	21,9	1,3	11,5	9,9	1,8	54
49	22,6	1,1	12,5	11,8	3,3	72
50	19,3	1,1	14,5	8,9	2,3	66
51	22,8	1,1	14,9	11,2	2,9	54
52	20,3	0,8	11,5	16,5	2,9	64
53	19,5	1,0	13,6	14,9	2,4	75
54	15,8	0,9	13,3	7,4	1,6	66
55	17,0	1,1	9,2	12,2	3,1	51
56	17,6	1,1	10,7	9,5	2,4	25
57	20,3	1,1	6,7	12,3	3,8	39
58	20,4	1,1	11,6	10,4	3,5	42
59	19,0	1,3	15,2	9,4	1,5	33
60	23,9	1,1	15,2	11,7	2,9	20
61	21,0	1,1	6,8	14,7	6,7	51
62	20,5	0,8	15,4	9,9	2,5	81
63	21,5	0,8	15,4	10,9	2,9	81
64	20,1	0,8	18,3	8,1	1,7	62
65	23,3	1,0	18,2	10,6	2,8	64
66	21,8	1,0	17,7	9,6	2,6	61
67	20,6	0,9	16,9	7,8	1,9	67
68	19,5	0,9	18,6	8,4	1,7	79

Lavoura	N	P	K	Ca	Mg	Produtividade Relativa
69	19,9	0,8	16,0	7,4	1,2	30
70	21,0	0,8	13,0	8,8	1,8	53
71	19,6	0,8	12,9	7,6	1,3	38
72	20,5	0,7	13,1	8,7	1,5	28
73	19,6	0,8	16,0	10,0	1,7	34
74	19,0	1,0	15,4	7,2	1,8	38
75	17,4	0,9	15,5	10,6	2,8	44
76	19,4	1,0	19,1	5,2	1,0	53
77	19,1	1,0	19,1	5,9	1,5	53
78	19,9	0,9	17,7	6,8	1,6	41
79	17,8	0,9	18,4	8,5	1,9	65
80	24,7	1,3	22,2	7,8	1,0	35
81	23,2	1,1	21,0	6,2	0,8	39
82	19,6	1,2	20,6	5,3	0,6	41
83	23,6	1,2	21,1	7,4	1,3	42
84	26,3	1,2	22,0	7,3	1,3	58
85	19,6	1,1	19,3	5,0	1,1	61
86	21,5	1,0	18,7	7,6	1,0	31
87	19,9	0,9	17,8	9,6	1,3	62
88	21,4	0,9	18,1	8,5	1,1	48
89	20,5	0,9	9,1	9,4	2,8	60
90	20,4	1,1	13,6	9,6	2,5	72
91	19,2	1,1	14,2	9,8	2,0	56
92	18,1	1,0	14,3	8,3	1,9	55
93	17,9	1,0	14,9	8,1	1,8	52
94	18,7	1,3	11,3	11,1	2,9	70
95	18,8	1,2	9,7	10,7	2,7	46
96	17,8	1,0	10,6	9,0	1,9	66
97	18,5	0,9	15,5	8,0	1,4	44
98	19,2	1,0	14,1	11,2	2,7	41
99	17,5	1,0	11,3	9,3	2,1	41
100	19,8	1,0	11,0	10,2	2,2	36
101	20,2	1,0	11,0	11,6	1,4	52
102	20,0	1,0	6,9	12,2	3,9	35
103	17,0	0,8	8,1	11,2	3,7	39

Lavoura	N	P	K	Ca	Mg	Produtividade Relativa
104	19,5	1,0	10,4	10,7	2,3	31
105	18,6	1,0	11,5	8,9	1,3	63
106	17,9	0,7	9,8	6,9	1,1	33
107	19,3	0,8	12,4	8,0	1,6	43
108	19,2	0,9	6,1	9,6	3,5	57
109	17,6	1,0	10,9	8,4	2,3	23
110	15,7	1,0	13,4	7,5	1,6	44
111	17,7	1,0	10,6	12,2	2,9	43
112	16,8	1,0	12,9	10,1	2,2	44

REFERÊNCIAS

CAMACHO, M.A.; NATALE, W. & BARBOSA, J.C. Faixa de suficiência para a cultura do algodão no centro-oeste do Brasil. I - Macronutrientes. Ci. Rural, 42:1413-1418, 2012a.

CAMACHO, M.A.; NATALE, W. & BARBOSA, J.C. Faixa de suficiência para a cultura do algodão no centro-oeste do Brasil. II - Micronutrientes. Ci. Rural, 42:993-1000, 2012b.

CAMACHO, M.A.; SILVEIRA, M.V.S.; CAMARGO, R.A. & NATALE, W. Faixas normais de nutrientes pelos métodos ChM, DRIS e CND e nível crítico pelo método de distribuição normal reduzida para laranjeira-pera. R. Bras. Ci. Solo, 36:193-200, 2012c.

KURIHARA, C.H. Demanda de nutrientes pela soja e diagnose de seu estado nutricional. Viçosa, MG, Universidade Federal de Viçosa, 2004. 101p. (Tese de Doutorado)

NOVAIS, R.F., WADT, P.G.S., ALVAREZ V., V.H. & BARROS, N.F. Levantamento do estado nutricional de cafeeiros do estado do Espírito Santo com base no método da Chance Matemática. In: REUNIÃO BRASILEIRA DE FERTILIDADE DO SOLO E NUTRIÇÃO DE PLANTAS, 21., Petrolina. 1994, Anais. Petrolina, SBCS/EMBRAPACPATSA, 1994. p.182-183.

SANTOS, E. F. dos; DONHA, R. M. A.; ARAÚJO, C. M. M. de; LAVRES JR, j.; CAMACHO, M. A. Faixas normais de nutrientes em cana de açúcar pelos métodos ChM, DRIS e CND e Nível Crítico pela Distribuição Normal Reduzida. R. Bras. Ci. Solo, 37:1651-1658, 2013

SERRA, A.P.; MARCHETTI, M. E.; VITORINO, A. C. T.; NOVELINO, J.O.; CAMACHO, M. A. Determinação de faixas normais de nutrientes no algodoeiro pelos métodos CHM, DRIS e CND. Revista Brasileira de Ciência do Solo, Viçosa, v.34, p.105-113, 2010.

WADT, P. G. S.; ANGHINONI, I.; GUINDANI, R. H. P.; LIMA, A. S. T.; PUGA, A. P.; SILVA, G. S.; PRADO, R. M. Padrões nutricionais para lavouras arrozeiras irrigadas por inundação pelos métodos da CND e Chance Matemática. Revista Brasileira de Ciência do Solo, v. 37, p. 145-156, 2013.

WADT, P.G.S. Os métodos da chance matemática e do sistema integrado de diagnose e recomendação (DRIS) na avaliação nutricional de plantios de eucalipto. Viçosa, MG, Universidade Federal de Viçosa, 1996. 123p. (Tese de Doutorado)

WADT, P.G.S., ALVAREZ V., V.H., NOVAIS, R.F. & BARROS, N.F. Método da Chance Matemática para a determinação das faixas infra-ótima, ótima e supra-ótima dos teores foliares de nutrientes. In: REUNIÃO BRASILEIRA DE FERTILIDADE DO SOLO E NUTRIÇÃO DE PLANTAS, 21., Petrolina. 1994, Anais. Petrolina, SBCS/EMBRAPACPATSA, 1994. p.186-187.

WADT, P.G.S., NOVAIS, R.F., BARROS, N.F.; ALVAREZ V.; V.H.; FONSECA, S. & ERNANDES FILHO, E.I. Avaliação da nutrição nitrogenada de híbridos de *Eucalyptus grandis* x *E. urophylla* em plantios da Aracruz Celulose S.A. pelo método da Chance Matemática. In: CONGRESSO BRASILEIRO DE CIÊNCIA DO SOLO, 25., Viçosa. 1995, Anais. Viçosa, SBCS/UFV, 1995. p.1320-1322.

ACERCA DOS AUTORES

Paulo Guilherme Salvador Wadt, Engenheiro Agrônomo pela Universidade Federal Rural do Rio de Janeiro (UFRRJ), mestre em Ciências do Solo pela UFRRJ, doutor em Solos e Nutrição de Plantas pela Universidade Federal de Viçosa e PhD em Geomática pela University of Florida. Bolsita Produtividade em Extensão Inovadora pelo CNPq.

Edilaine Istéfani Franklin Transpadi, Engenheira Agrônoma pela Universidade Federal de Rondônia (UNIR), mestre em Ciências do Solo pela Universidade Estadual Paulista (UNESP) e doutoranda em Ciências do Solo pela UNESP.

www.ingramcontent.com/pod-product-compliance
Lightning Source LLC
Chambersburg PA
CBHW041106180526
45172CB00001B/138